# 生物科学入門

東京大学名誉教授
理学博士

石川 統 著

（三訂版）

裳華房

Basic Biology

third edition

by

Hajime Ishikawa Dr. Sc.

SHOKABO
TOKYO

JCOPY 〈出版者著作権管理機構 委託出版物〉

## 三訂版 まえがき

　旧著「一般教養　生物学」を出版してから，その改訂改題版「生物科学入門」を世に出すまでの間隔はおよそ10年だったが，今回は7年未満という比較的短期間のうちに三訂版を送り出すことになった．それにはいくつかの理由があるが，筆者としてこの機会にぜひ書き足したかったのは，この間のゲノム科学の進展である．とくに，21世紀の始まりを象徴するヒトゲノム・プロジェクトの完成は，本書のような入門書でもできるだけ早く紹介すべきテーマである．そんなわけで，今回の改訂では，「囲み記事」を含めて，第9章の記述の更新にとくに力を注いだ．ゲノム科学の進展は生物科学の枠組みにも大きな影響を与えつつある．そのことを念頭に置いて，第1章にもかなりの程度変更を加えた．

　本書については，これで3つの版を世の中に送り出したことになるが，この間筆者はそれぞれ別の場所で研究と教育に携わってきた．初版は駒場，改訂版は本郷，そして今回は幕張である．この17年間，筆者にどのような進歩があったのかと問われても1つとして即答できることはない．しかし，この間に，ものを書くに当たっての読者への気配りだけは確実に高まったと思っている．今回の改訂でも，こんな書き方では読者にわかりにくかろうと，旧版の表現を変えた部分が少なからずある．逆にみれば，過去，とくに初版では「この上なくやさしく書くことを心懸けた」と言いながら，実際にはひとりよがりの記述が少なくなかったのだと思う．その意味で，この三訂版で本書もやっと当初の目標に近づけたと筆者は感じている．内容ともどもこの点についてもご意見，ご批判をいただければ幸いである．最後になったが，今回も本書の出版に尽力された裳華房の野田昌宏氏に厚く謝意を表したい．

　2003年8月

石　川　　統

## 改訂改題 まえがき

　時のたつのは速いもので，旧著「一般教養　生物学」を世に問うてからすでに 10 年の月日が流れた．旧著は 1986 年の夏休みに，ほぼ 40 日間で一気に書き上げた記憶がある．その年はことのほかセミの多い夏で，書き疲れると外へ出て，駒場（東大・教養学部）の野球場の周囲を一周すると，手づかみでミンミンゼミがおもしろいようにとれた夏でもあった．時は経て，もはやセミとりに興ずる時間も心の余裕もなく，今回の旧著の改訂・改題には半年近くを要してしまった．

　旧著は限られた紙数のなかで，しかも単独の著者で生物学のおもな基礎的知見を網羅しようという，大学向け教科書としてはやや無謀な試みであったが，それにもかかわらず 10 年にわたって版を重ねることができたのは，筆者にとって望外の喜びである．しかし，やはり 10 年はひと昔である．ここで旧著に手を加え，装いを新たにして再出発を思い立ったのには 3 つの理由がある．その 1 つはもちろん，この間の生物科学の進歩である．このような入門書は，必ずしも時々刻々進歩する学問の最先端を追うことを要求されているわけではないが，基礎的知見のなかにも，やはり最先端にひっぱられて少しずつ記述を変えなければならない部分があるのは確かである．第 2 の理由は，学問の進歩ほどではないにしても，10 年の歳月の間には筆者自身も少しは進歩したことである．ただし，筆者は自らの進歩に基づくと信じて変えた部分が，読者にとってはかえって「退歩」と映ったり，単なる趣味の変化に思えたりしないとは限らない．そのような批判があれば，筆者としてはそれを甘受するしかない．第 3 の理由はもっとも現実的な，大学教育課程の「大綱化」という制度の変更である．この本も旧著と同様に，生物科学を体系的に学ぶのはこれが最後の機会になる人々をおもな読者対象と想定していることには変りないが，囲み記事などを中心に，より専門的な知見への興味をも喚起できるよう若干の工夫を加えることにした．

　この本は旧著「一般教養　生物学」の内容に平均して 30% 程度の変更を加えたものである．この 10 年間でとくに進歩の著しかった生物科学の領域は分子

系統学と発生生物学であることを反映させて，第3章および第7章の記述はかなり大幅に改め，第3章ではそれにふさわしいよう，表題も「生物の多様性」へ変更した．また，第5章では，わずかではあるが記述のレベルを高くし，第9章も最新の知見に即してかなりの部分を書き改めた．その他の章でも全体にわたって細かい修正を随所でおこなったが，全体の紙数を抑える必要もあって，旧著第8章の記述を簡略化し，「学習」の節は全面的に割愛した．最後に「囲み記事」については，旧著では断片的に過ぎたことを反省し，項目数を絞ると同時に入れ替えも行い，平均して各記事の記述をより詳しくした．

旧著に引き続き，また今回新たに貴重な写真などをご提供下さった先生方へ，ここで心よりお礼を申し上げる．さらに，出版に尽力された裳華房の野田昌宏氏へ厚く謝意を表したい．今回も数枚の図を描いてくれた妻幸子にも感謝したい．

　　1996年12月　　　　　　　　　　　　　　　　　　　石　川　　統

## 初版 まえがき

大学の一般教養課程における生物学の講義は高等学校のむしかえしではなく，特定の分野に焦点を絞ったものであるべきだとの考え方がある．しかし，一見むしかえしに思えても，大学に入ったところで，もう一度全般的に生物学を学び返すのは決してむだではないと筆者は考えている．理由は2つある．1つは当り前のことだが，学生諸君はものを忘れる名人だということである．とくに，試験でいじめられればいじめられるほど，その反動のように，試験が済むといともあっさりすべてを忘れてしまう．まるで頭が小さな物置で，古いものを放り出さないと新しい知識が詰め込めないとでも考えているようである．第2はこれよりずっと重要な理由である．生物学は総合科学であるために，いつそれを学ぶかによって理解の程度がまったく違ってくるからである．同じようにダーウィンの進化論の話を聞いても社会をみる目が育つ前と後では，理解

度もおもしろさもまったく違うはずである．その意味があって，この本では生物学の重要な分野をあえて網羅的に解説してみた．したがって，例外的にもの覚えのよい学生諸君にとっては退屈な部分が多いかもしれない．その場合には，生物学の分野ではこんなこともわかっていないのかという，これまでとは逆の目で学ぶことを心懸けてもらいたい．そうすれば，それまでの知識がどんなに表面的なものに過ぎなかったかがみえてくるであろう．それでこそ，大学で学んだかいがあるというものである．

　研究の現場にいるものがこのような教科書を書くと，どんなにやさしく書いたつもりでも難しすぎるという批判をうけるのが常である．それは著者が本来念頭に置くべき若い読者のことをつい忘れてしまい，シニカルな先輩やあちらこちらの同僚研究者の目を意識するからである．あまり大ざっぱで，やさしいことばかり書いてはこけんにかかわると思ってしまうからである．しかし，本来の読者にとってはこれほど迷惑なことはない．そこで，この本の執筆にあたって，筆者は研究者としての見栄を一切捨ててみることにした．徹頭徹尾，若い読者のことだけを念頭に置いて，この上なくやさしく書くことを心懸けた．そうすることで，一般教養としての生物学の必要十分な範囲がどこまでかについても，1つの見解を示したつもりである．したがってこの本は，将来筆者の同僚の1人に加わるかもしれないような読者ではなく，むしろ，文科系の学生や短大生で，生物学を体系的に学ぶのはこれが最後の機会になるであろう人々を対象と考えている．

　この本の内容を充実させるために，何人かの方々からは貴重な写真などをお貸しいただいた．また，執筆にあたっては内外の諸先生のご高著を，ときには細部にもわたって参考にさせていただいた．これらの方々にこの場で心からお礼を申し上げる．さらに，出版に尽力された裳華房の方々，とくに岡五十氏ならびに山崎公子さんに厚く謝意を表したい．最後に，図の一部を描いてくれた妻幸子にも感謝したい．

　　1987年2月　　　　　　　　　　　　　　　　　　　　　　石川　統

# 目　次

## 1. 生物と生物科学

- 1・1　生物の特質……………………3
  - 1・1・1　構造の階層性……………3
  - 1・1・2　エネルギー要求性…………4
  - 1・1・3　調節と整合性……………5
  - 1・1・4　生殖と発生………………5
  - 1・1・5　遺　伝……………………6
  - 1・1・6　進　化……………………6
- 1・2　生物科学の方法………………7
  - 1・2・1　生気論と機械論…………7
  - 1・2・2　生化学……………………8
  - 1・2・3　生理学・内分泌学・免疫学…8
  - 1・2・4　分子生物学・細胞生物学……9
  - 1・2・5　遺伝学……………………10
  - 1・2・6　ゲノミックス・プロテオミクス……………11
  - 1・2・7　発生学・発生生物学………11
  - 1・2・8　形態学・解剖学……………12
  - 1・2・9　分類学・系統学……………12
  - 1・2・10　生態学・社会生物学・行動生物学………………14
- まとめの問題…………………………15

## 2. 生物の歴史

- 2・1　生命の起源……………………18
  - 2・1・1　化学進化…………………18
  - 2・1・2　原始大気…………………18
  - 2・1・3　ミラーの実験……………19
  - 2・1・4　生体高分子と細胞の出現…20
- 2・2　生物のたどった道……………21
  - 2・2・1　原核生物の化石……………21
  - 2・2・2　真核生物の化石……………21
  - 2・2・3　酸素濃度と生物進化………23
- 2・3　進化の思想……………………25
  - 2・3・1　アリストテレス……………26
  - 2・3・2　ラマルク…………………27
  - 2・3・3　ダーウィン………………29
  - 2・3・4　進化の総合説………………30
  - 2・3・5　分子進化と中立説…………33
  - 2・3・6　進化学：今後の課題………35
- まとめの問題…………………………36

## 3. 生物の多様性

- 3・1 生物の分類法 ………………38
  - 3・1・1 系統樹 ……………………38
  - 3・1・2 分類の体系 ………………39
  - 3・1・3 超生物界と真核生物の起源 ……………………39
  - 3・1・4 5界説……………………40
- 3・2 真正細菌界 ……………………41
  - 3・2・1 原核生物 …………………41
  - 3・2・2 グラム陽性菌とプロテオバクテリア ………………42
  - 3・2・3 細菌の多様性 ……………44
- 3・3 古細菌（アーケア）界 ………45
  - 3・3・1 古細菌の系統 ……………45
  - 3・3・2 古細菌と真核細胞の関係 …47
- 3・4 原生生物界 ……………………48
  - 3・4・1 プロティスタ ……………48
  - 3・4・2 藻類 ………………………48
  - 3・4・3 粘菌と卵菌 ………………49
- 3・5 菌類界 …………………………50
  - 3・5・1 菌類の分類 ………………50
  - 3・5・2 地衣類 ……………………51
- 3・6 植物界 …………………………51
  - 3・6・1 シダ植物 …………………52
  - 3・6・2 コケ植物 …………………52
  - 3・6・3 種子植物 …………………54
- 3・7 動物界 …………………………54
  - 3・7・1 後生動物の起源 …………55
  - 3・7・2 海綿動物 …………………56
  - 3・7・3 放射相称動物 ……………56
  - 3・7・4 原体腔類 …………………56
  - 3・7・5 真体腔類 …………………57
- 3・8 非細胞性増殖単位 ……………60
  - 3・8・1 ウイルス …………………60
  - 3・8・2 プラスミド ………………61
  - 3・8・3 ウイロイド ………………61
- まとめの問題………………………61

## 4. 生物のつくり

- 4・1 細胞の構造 ……………………63
  - 4・1・1 細胞の形態 ………………63
  - 4・1・2 細胞の内部構造 …………66
  - 4・1・3 細胞膜（原形質膜） ………66
  - 4・1・4 小胞体 ……………………67
  - 4・1・5 ゴルジ体 …………………68
  - 4・1・6 リソソーム ………………68
  - 4・1・7 ミトコンドリア …………69
  - 4・1・8 葉緑体 ……………………69
  - 4・1・9 リボソーム ………………70
  - 4・1・10 微小管・微小繊維 ………71
  - 4・1・11 細胞核 ……………………71

|   |   |
|---|---|
| 4・2　細胞分裂 …………………72 | 4・3・3　筋組織 …………………77 |
| 　4・2・1　細胞周期 ………………73 | 4・3・4　神経組織 ………………79 |
| 　4・2・2　核分裂 …………………74 | 4・4　植物の組織と組織系 …………79 |
| 　4・2・3　細胞質分裂 ……………75 | 　4・4・1　表皮系 …………………80 |
| 4・3　動物の組織 ……………………76 | 　4・4・2　基本組織系 ……………80 |
| 　4・3・1　上皮組織 ………………76 | 　4・4・3　維管束系 ………………80 |
| 　4・3・2　結合組織 ………………77 | まとめの問題………………………81 |

## 5．生物のはたらき I．細胞のいとなみ

|   |   |
|---|---|
| 5・1　生体を構成する物質 …………82 | 5・4　解糖系と呼吸 …………………96 |
| 　5・1・1　小さな分子 ……………82 | 　5・4・1　解糖と解糖系 …………97 |
| 　5・1・2　炭水化物 ………………83 | 　5・4・2　クエン酸回路 …………97 |
| 　5・1・3　脂　質 …………………84 | 　5・4・3　電子伝達系 ……………98 |
| 　5・1・4　タンパク質 ……………85 | 5・5　遺伝子の発現 …………………99 |
| 　5・1・5　核　酸 …………………87 | 　5・5・1　転　写 ………………100 |
| 5・2　酵　素 …………………………89 | 　5・5・2　スプライシング………101 |
| 　5・2・1　酵素の本体 ……………89 | 　5・5・3　遺伝暗号 ……………102 |
| 　5・2・2　酵素の作用 ……………91 | 　5・5・4　tRNAの役割 …………103 |
| 　5・2・3　酵素の調節 ……………92 | 　5・5・5　タンパク質合成の場…104 |
| 5・3　光合成 …………………………93 | 5・6　DNAの複製 …………………106 |
| 　5・3・1　ATP ……………………93 | 　5・6・1　半保存的複製 ………106 |
| 　5・3・2　光エネルギーによる | 　5・6・2　岡崎フラグメント…106 |
| 　　　　　　ATP合成 ……………94 | まとめの問題………………………108 |
| 　5・3・3　炭酸固定 ………………95 | |

## 6．生物のはたらき II．個体のいとなみ

|   |   |
|---|---|
| 6・1　植物のいとなみ………………110 | 　6・1・2　水分と有機物の移動………111 |
| 　6・1・1　蒸　散…………………111 | 　6・1・3　植物ホルモン…………111 |

| | |
|---|---|
| 6・1・4　春化と光周性……………113 | 6・3・5　自律神経系………………122 |
| 6・2　動物の器官系………………113 | 6・4　内分泌系……………………122 |
| 　6・2・1　消化系…………………114 | 　6・4・1　内分泌腺と標的器官……123 |
| 　6・2・2　呼吸系…………………114 | 　6・4・2　ホルモンの種類…………123 |
| 　6・2・3　循環系…………………115 | 　6・4・3　脳下垂体………………126 |
| 　6・2・4　排出系…………………116 | 　6・4・4　ホルモンの作用機構……128 |
| 　6・2・5　生殖系…………………117 | 6・5　免疫系………………………129 |
| 6・3　神経系………………………118 | 　6・5・1　抗原と抗体……………129 |
| 　6・3・1　神経細胞………………118 | 　6・5・2　抗体の構造……………130 |
| 　6・3・2　刺激と興奮の伝導………119 | 　6・5・3　細胞性免疫……………131 |
| 　6・3・3　興奮の伝達……………120 | 　6・5・4　免疫細胞の相互作用……132 |
| 　6・3・4　中枢神経………………121 | まとめの問題……………………132 |

# 7. 生物の殖えかた

| | |
|---|---|
| 7・1　性と生殖……………………134 | 7・4・2　ウニの初期発生…………147 |
| 　7・1・1　無性生殖………………134 | 7・4・3　モザイク卵と調節卵………149 |
| 　7・1・2　有性生殖………………135 | 7・4・4　発生能と発生運命…………150 |
| 　7・1・3　雌と雄…………………136 | 7・4・5　誘導とオーガナイザー……151 |
| 7・2　配偶子形成…………………136 | 7・4・6　中胚葉誘導因子…………152 |
| 　7・2・1　配偶子形成過程の<br>　　　　あらまし………………138 | 7・4・7　勾配説……………………153 |
| 　7・2・2　染色体と減数分裂………139 | 7・5　細胞分化と遺伝子…………154 |
| 　7・2・3　減数分裂の遺伝的意義……141 | 　7・5・1　細胞分化とタンパク質……154 |
| 7・3　受　精………………………142 | 　7・5・2　染色体削減と放棄………155 |
| 　7・3・1　植物における受精………142 | 　7・5・3　植物細胞の全能性………155 |
| 　7・3・2　ウニの受精……………144 | 　7・5・4　核の全能性……………156 |
| 　7・3・3　哺乳類の受精…………145 | 　7・5・5　調節遺伝子……………157 |
| 7・4　胚発生………………………146 | 7・6　遺　伝………………………159 |
| 　7・4・1　卵　割…………………146 | 　7・6・1　対立遺伝子……………159 |
| | 　7・6・2　優性の法則……………160 |

7・6・3　分離の法則……………160
7・6・4　独立の法則……………161
7・6・5　連　鎖…………………162
7・6・6　突然変異………………162
7・6・7　遺伝子の優劣関係…………163
7・6・8　集団の遺伝……………………164
7・6・9　ミトコンドリアの遺伝子…165
まとめの問題 ……………………………165

## 8. 生物の個体と集団

8・1　動物の生得的行動……………167
 8・1・1　回　遊…………………167
 8・1・2　帰巣と渡り……………167
 8・1・3　ミツバチのダンス………168
8・2　フェロモン……………………169
 8・2・1　リリーサー・フェロモン…169
 8・2・2　プライマー・フェロモン…171
8・3　動物の社会……………………172
 8・3・1　群れとなわばり…………172
 8・3・2　順位とリーダー制…………173
 8・3・3　社会性昆虫………………175
8・4　生物群集………………………178
 8・4・1　生態系……………………178
 8・4・2　生態的地位………………179
 8・4・3　種間関係…………………180
 8・4・4　物質循環…………………180
まとめの問題 ……………………………182

## 9. 生物としての人間

9・1　人類の起源と進化……………183
 9・1・1　霊長類の起源……………183
 9・1・2　人類の進化的位置………185
 9・1・3　現生人類への道…………186
 9・1・4　ミトコンドリア・イブ……187
 9・1・5　人　種……………………188
9・2　ヒトの遺伝……………………190
 9・2・1　氏と育ち…………………190
 9・2・2　ヒトの染色体……………190
 9・2・3　遺伝的多型………………191
9・3　ヒトゲノム……………………192
 9・3・1　遺伝子とタンパク質の数…192
 9・3・2　種差と個人差……………193
 9・3・3　一塩基多型(SNPs) ………193
まとめの問題 ……………………………195

## 〈囲み記事〉

| | |
|---|---|
| 大きい動物・小さい動物 ……………2 | 遺伝子操作 ………………………100 |
| 動植物の繁栄と酸素濃度…………25 | コドンの意味 ……………………103 |
| ラマルクの娘………………………28 | PCR 法……………………………107 |
| 肥満体質と進化……………………32 | ピル（経口避妊薬）………………127 |
| 進化の縦糸と横糸…………………35 | ライオニゼーション ……………139 |
| アポトーシス（細胞の自殺）………81 | 予備の臓器をつくる ……………158 |
| RNA 酵素（リボザイム）と | ヒトのフェロモン ………………171 |
| 　　RNA ワールド ………………90 | 社会性哺乳類 ……………………177 |
| タンパク質工学……………………93 | ヒトゲノム解析の裏側 …………194 |
| 化学合成細菌………………………99 | |

索　引……………………………………………………………………………197

# 1 生物と生物科学

　人間の住むこの地球上には，同時におびただしい種類と数の他の生物たちも住んでいる．今では，その種類が10億に達するという見積りさえある．これらの生物の形や生活の方法は実に多様である．大きさだけにしぼっても，小は顕微鏡を使ってやっと見えるバクテリア（細菌）から，大は象やクジラに到るまで，その違いは1億倍にも達する．しかも，極端に大きいものを別とすれば，この間のギャップを埋めるさまざまな大きさの生物が，ほとんど切れ目なしに存在するという事実は驚嘆に値する．

　そして，みかけがこのように多様であるからなおさら，これらの生物が非常に多くの統一性をもつ事実に，いっそうの驚きをおぼえる．実際，一歩踏み込んでみれば細菌も象も生きているものはすべて非常によく似ている．このため，人によっては，生物の「種」の違いとは，同一人物が異なった扮装をしたようなものだと言うことさえある．この立場に立てば，あらゆる生物が共有している性質だけが重要であり，それを明らかにすることが生物科学の使命ということになる．20世紀後半になって生物科学が大きく発展した底流には，このような考え方が色濃く存在する．

　一方，20世紀前半までの生物科学で主流を占めていたのは，ありとあらゆる生物を枚挙的に記載してゆく**博物学**であった．博物学は，いわば生物たちの誇示するきらびやかな扮装の違いに目を奪われるあまり，それらに横断的に存在する法則性を求める姿勢を欠いていた．自然現象に対したとき，それを論理立てて説明する法則性を探し求める姿勢こそが「科学」である．その意味で，博物学は科学ではなかったと言われても仕方がない．

　しかし，生物の形や働きにみられる多様性が単なる扮装と決定的に違うのは，それが外からつけ加えられたものではなく，まぎれもなく生物そのものが

つくり出したものである点である．であるとすれば，ひと皮かふた皮むけば生物はみな同じであるという，重要ではあるが単純な事実を知っただけで，われわれは満足するわけにはいかない．もちろん，科学以前の博物学へ立ち戻ろうというのではない．結局，生物は共通の中身をもちながら，なぜこれほど多様なみかけや働きを示すのかを調べ，そこに潜在する法則性を明らかにすることが，科学としての生物学，つまり生物科学の最大の課題なのではなかろうか．これには，生物というものを時間とともに変わりゆくもの，つまり進化する実体としてとらえる視点を絶対に欠かせない．言い方を変えれば，生物科学とは，「進化の原因と結果を探究する」学問なのである．

## 大きい動物・小さい動物

ふつう大きい動物というと，過去の恐竜を別とすればクジラや象などの哺乳類をイメージしがちだが，哺乳類にも相当小さいものがある．これまで知られている最小の哺乳類は，マレーシアのジャコウネズミで，体長3.8 cm，体重2.5 gほどであり，これより大きい昆虫はいくらでもいる．ちなみに，最大級の昆虫の1つ，タイタンオオウスバカミキリは体長15 cm，体重100 g近くに達する．一方，小さい動物というと原生動物を考えがちだが，これにも実は，けっこう大きなものがいる．たとえば，アメーバの1種，*Pelomixa pallustris* では，細く伸びたときの体長が6〜7 mmに達することがあり，これだと多くの昆虫類よりも大きい．

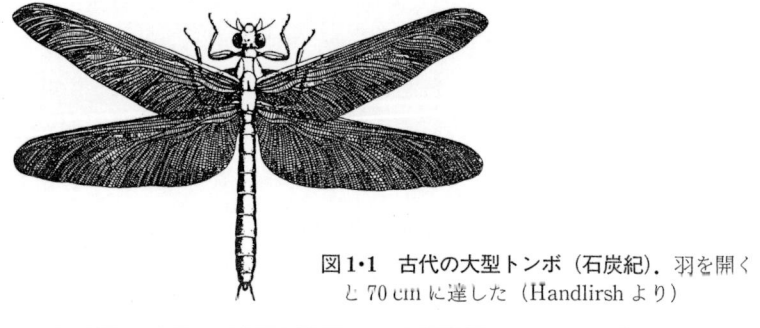

図1・1　古代の大型トンボ（石炭紀）．羽を開くと70 cmに達した（Handlirsh より）

## 1・1 生物の特質

あらゆる生物は構造をもち,エネルギー獲得のために物質代謝を行い,またそれを調節・制御するしくみをもっている.さらに,生物には自らと同じものをつくる働きがあるが,そのためには自分のもつ形質を次へ伝えるしくみが必要となる.一方,生物はそれをとりまく環境と敵対しては生きてゆけない.しかも,環境自体が時間とともに変化するから,生物の方もそれに伴う変化,すなわち進化を受けることになる.

### 1・1・1 構造の階層性

生物は1つまたはそれ以上の細胞からできている.高等動植物の個体にはばく大な数の細胞が含まれるが,それらはいくつかのグループに分かれて役割分担し,たがいに補い合って機能しつつ個体を構成している.この場合,同様の働きをもち,みかけも似た細胞が多数集まり合って1つの組織を形づくり,異なる働きをもつ組織がいくつか集まって器官をつくり,さらに異なる働きの器官がいくつか集まって1つの生物体を作りあげるという階層構造をもっている.高等植物でいうと,根,茎,葉,花が器官である.そして,たとえば,茎という器官は水分や塩分を運ぶ組織,養分を運ぶ組織,貯蔵の役割をもつ組織,茎としての形を保つ組織,さらには外側からそれを包んで保護する組織など,異なる働きをするいくつかの組織によって構成されている.

高等動物の体の構成は植物の場合より複雑なので,器官の上に階層をもう1つ加えて説明することが多い.すなわち,異なる働きを

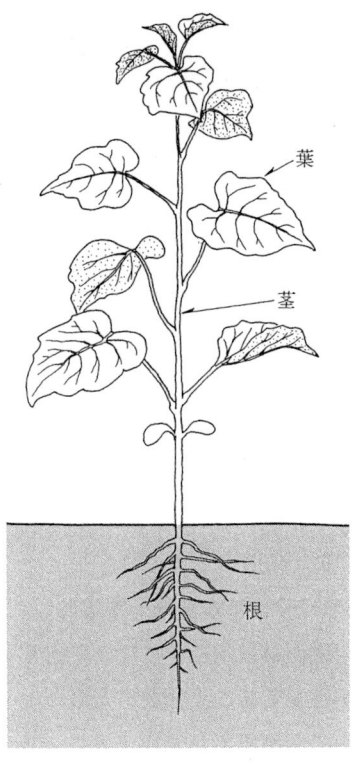

図1・2 植物のつくり

示す器官がいくつか集合して系（システム）をつくり，系がいくつか集まって個体を構成しているという見方である．神経系，骨格系，筋肉系などが，そのような系の例である．たとえば，骨格系は頭骨，肋骨，指骨，大腿骨などの器官によって構成されている．

このように，生物体を構成する基本単位は**細胞**であるが，その細胞自体も階層構造からなっている．たとえば，細胞は核，ミトコンドリア，リボソームなど多数の構造体によって構成されていて，これらの構造体は**細胞小器官**とよばれる．このような細胞内の構造体をよぶのに「器官」という語がふさわしいことは，ゾウリムシなどの単細胞生物を考えると理解できる．単細胞生物では，細胞内のこれらの構造体が役割分担しつつ

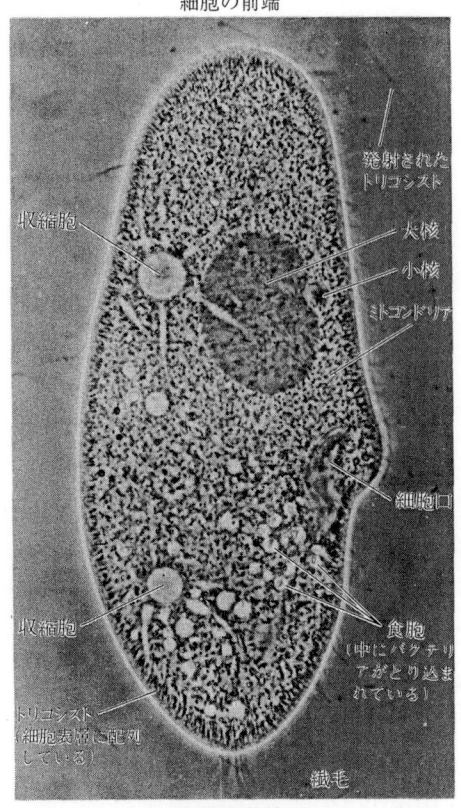

図1・3　ゾウリムシ（原生動物）の位相差顕微鏡写真（藤島政博氏提供）

生命を保っており，そのありさまは，多細胞生物における各種器官の役割分担に似ているからである．

### 1・1・2　エネルギー要求性

生物が生きてゆくには，絶えずエネルギーをとり入れ，それを消費することが必要である．生物が実際に行っているのは，原材料を外からとり入れ，細胞内で分解することによって，それに含まれていたエネルギーを利用することで，これを（**物質**）**代謝**という．このような原材料に含まれているエネルギー

の大部分はもともと太陽光に由来する．緑色植物は光エネルギーを利用した光合成によって有機物をつくり，動物はその緑色植物を直接または間接に摂取することによって，エネルギーの原材料を得ている．

生殖，成長，運動，生体物質の生成など，生物のあらゆる活動にとってエネルギーは不可欠である．生物は構造を維持するためだけにも，ばく大な量のエネルギーを必要とする．このため，生物は代謝を効率よく進める働きをもつ，酵素とよばれる特別なタンパク質をもっている．

### 1・1・3　調節と整合性

酵素は生体内の化学反応を進めるうえで，きわめて効率の高い触媒である．しかし，酵素には何千もの種類があるので，それらが常時，いたる所で働いたのでは生体は大混乱に陥るであろう．現実にはそのような混乱が起こらないのは強力な制御機構があって，その細胞のおかれた時と場所に応じて，各酵素の量や活性が厳密に調節されているからである．

このような調節作用は酵素に対してだけ働いているわけではない．多細胞からなる生物ならば，それらが全体となって個体の機能を発揮できるように，各組織や器官の働きに整合性をもたせることが重要である．生物が外界からの刺激に応答するときには，このような調節がとくに大切である．高等動物の場合，このような調節の役割をになっているのは，神経系および内分泌系とよばれる２つのシステムである．

### 1・1・4　生殖と発生

生物が共通にもつ著しい特徴の１つは子孫を残すこと，つまり生殖と発生を行うことである．生殖と発生に共通して重要な意味をもつのは，細胞を新たにつくり出す細胞分裂の段階である．単細胞生物にとっては，細胞分裂が生殖そのものであるし，多細胞生物では特殊な細胞分裂によって，生殖に直接携わる配偶子（卵や精子）が生産される．また，それらが合体した受精卵が１つの個体を形づくる発生の過程には，数えきれないほどの回数の細胞分裂が含まれている．

発生の過程では，分裂によって細胞の数が増えるだけでなく，それに伴って

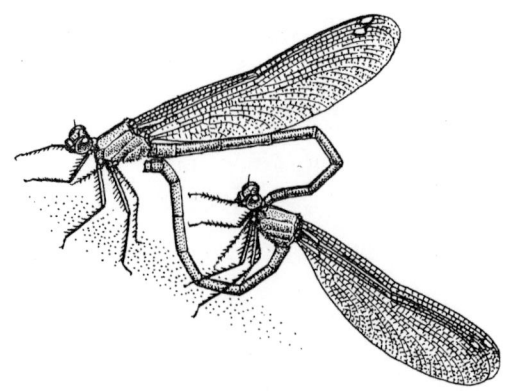

図1·4　トンボの交尾（吉谷，原図）

たがいに性質の異なる細胞がつくられてゆく．この現象を**分化**という．この分化がきっかけとなって，多細胞生物の体にはさまざまな働きを示す組織や器官ができてくる．

### 1·1·5　遺　伝

生殖の結果できる子は親に似ている．無性生殖でできる子は，文字どおり親のコピーであるのに対し，有性生殖でできる子の親への似かたはもう少し複雑である．しかし，いずれにしても子が親に似るのは，体の形や性質（**形質**）を決める設計図の意味をもつ遺伝物質が，親から子へ伝達されるからである．この遺伝物質の化学的本体はデオキシリボ核酸（DNA）である．

### 1·1·6　進　化

現在の地球上にはきわめて多様な生物たちが住んでいるが，もとをたどれば，これらの祖先は共通である．しかし，前項で述べた遺伝が厳密に行われてきたのならば，子孫はすべて祖先に似ることになるから，生物たちがこれほど多様化するはずはない．生物の多様化の最大の原因は，遺伝物質であるDNAが長い年月の間にときどき変化したことにある．これを**突然変異**という．突然変異が起こると，これまでになかったさまざまな形質ができる．新しい形質が，それまでの形質より生存に有利である場合には，新しい形質をもつ個体の子孫

がしだいに生物集団の中で多数を占めるようになるだろう．また，事故などで他の形質をもつ個体が死に絶えれば，それまでとは違った形質をもつ個体が偶然多数派になることもあるだろう．原因はともあれ，遺伝物質およびそれによって決められる形質が，このように集団的規模で変わることを**進化**という．

ある形質が生存に有利であるかどうかは，その生物の住む環境によって大きく左右される．このため，もともと同一の形質をもっていた生物でも，異なる環境に分かれて生活するようになると，別々の進化の道をたどるのがふつうである．そのことが積み重なって，単一の祖先から出発しながら，現在みられるような多様な生物が生みだされたのだと考えられる．

## 1・2　生物科学の方法

### 1・2・1　生気論と機械論

「生物」とは何かを説明するときの立場は2つに大別される．1つは，ほとんど人類の文明と同じぐらいの歴史をもつ**生気論**である．これは，生物は単なる物質ではなく，それに生物特有の超自然力が結びついたものだとする考え方である．ここでいう超自然力は時代と場所によって霊魂とよばれたり，エンテレキーとよばれたりしたが，いずれにしても生物に特有で，しかも物理科学によっては説明できない作用力のことである．

これに対比されるのは，17世紀のデカルトに始まる**機械論**である．元来は生物を機械にたとえ，時計じかけのようなものと考えたことから，この名があるが，その後，生物学の発展に伴って，この意味は少しずつ変わってきた．現在では，あらゆる

図1・5　デカルト
（共同通信提供）

生命現象が結局は物理科学の法則によって説明できるとする立場を機械論とよんでいる．

　近代生物学の歴史は，そのまま生気論に対する闘争史であり，自然科学としての現代生物学が機械論に立脚していることは誰の目にも明らかである．しかし，生物を本当に，単なる「機械」であると思っている人は，今でもそれほど多くはない．生物に対するわれわれの視野から，今も生気論は完全には払拭されてはいない．その最大の理由は，生物では，全体が単なる部分の総和ではないことである．無生物にはみられない各部分の有機的関連こそが，生物のもっとも著しい特徴とさえいえる．そのような生物を扱う研究分野である以上，生物学は，たとえ直接の研究対象は物質にまで還元できたとしても，研究の方法を物理学や化学の方法にだけ頼るわけにはいかない．生物学の領域が多岐にわたり，他分野にみられないほどの多様性に富んでみえるのは，おもにこの理由による．

### 1·2·2　生化学

　現代生物学の大部分の分野では，生物を物質の1つの集合形態ととらえ，それを分析することによって生物とは何であるかを明らかにしようとしている．そのなかで，生体を構成する物質そのものを対象とし，有機化学に隣接する研究，物質代謝やそれを触媒する酵素の研究などを行う分野は**生化学**とよばれる．本書でいうと，5章（生物のはたらきI）に述べる内容がこの分野に相当する．生化学は長い歴史をもつ分野なので，主要な発見はすでに出尽くしたと言われることが多いが，生化学的技術はすべての分析的生物学の基礎であり，その意味からは依然としてきわめて重要な分野である．

　応用という意味からは，生化学は生物学のなかでもっともすそ野の広い分野である．従来から，医学，薬学，農学，工学を中心に，生化学関連分野の研究，開発，生産にたずさわる人々はばく大な数であったが，分子生物学の応用面とも密接な関係にあるため，近年，その人口はますます増えつつある．

### 1·2·3　生理学・内分泌学・免疫学

　**生理学**は，歴史的には形態学に対置された分野で，生体の働きや機能を分析

的に研究する分野をすべて含む意味に使われていた．現在でも，植物生理学，昆虫生理学などのように研究対象を限定している場合には，機能についての研究分野をすべて含む場合が多い．一般に生理学というときには，神経系の働きを中心として，動物の体内調節機構を解析的に研究する分野を指すことが多い．

　外界からの刺激に対する応答に整合性をもたせ，高等動物の個体としての統一性を保持するよう，各組織や器官の間の連絡を行っているのは神経系と内分泌系である．このうち，後者の働き，すなわちホルモンの分泌とその作用を研究する分野が**内分泌学**である．従来の内分泌学の主流は，ホルモン作用の結果だけを形態学的に調べることにあったが，現在では生化学および分子生物学的技術をとり入れ，ホルモン作用の分子機構を解明することに焦点が当てられている．

　生物は同種の他の個体や異種の生物にとり囲まれて生きてゆかなければならない宿命にある．また，環境はそれ以外の異物にもみちあふれている．そのため，生物は多かれ少なかれ，自己と非自己とを識別する免疫機構を備えている．ふつう**免疫学**というときには，この識別のしくみの発達がもっとも著しい，哺乳類の免疫機構を研究する分野のことを指している．

　これら3つの分野は，外界に対して生物個体のアイデンティティーと統一性を保つしくみを研究するという共通点をもっている．また，このしくみが乱されることによってもたらされるヒトの疾病が多いことから，生物学のなかでも，この3つの分野は医学との結びつきがとくに強いという共通の特徴をもっている．

### 1・2・4　分子生物学・細胞生物学

　生体高分子（核酸やタンパク質など）の機能との関係で，それらの構造を研究する分野のことを一般に**分子生物学**という．細胞の構造を研究する分野は，従来 細胞学とよばれ，形態学の一部であったが，最近では細胞についての研究の焦点はその働きの方に向けられており，**細胞生物学**とよばれるようになった．また，分子生物学的技術を用いて細胞機能を研究する分野は，最近，分子

細胞生物学とよばれることが多い．

　分子生物学は生化学に比べればずっと新しい分野だが，最近では分子生物学そのものを専門とする研究者はむしろ減少傾向にある．それは，生物学の各分野がそれぞれに分子生物学の技術と考え方をとり入れて大きく変わってきたからである．現在では，細胞の働きを調べるにも，発生のしくみを理解するのにも，生物学の各分野は遺伝子とタンパク質を研究対象とすることが多い．ひと頃は分子生物学ともっとも縁が遠いと思われていた生態学や社会生物学でさえも，今では分子生物学の助けを借りる場合が少なくない．その意味で，今では従来の分子生物学はすでに発展的に解消したと考えている人も少なくない．

　バイオテクノロジーの大部分は分子ならびに細胞生物学の応用分野である．医薬品の開発に始まったバイオは，現在では農水産資源・畜産資源の改良に使われる段階に達しており，本格的な遺伝子治療の実現もそう先のことではなさそうである．

### 1・2・5　遺 伝 学

　遺伝学の最大の目的は，子はなぜ親に似るかを明らかにすることだが，メンデルが遺伝の法則を発見してからほぼ100年の間に，遺伝の基本的しくみに対する解答はすでに得られたといえる．DNAでできた遺伝子のコピーが親から子へ伝えられるからだとわかったからである．

　まだよくわかっていないのは，個々の生物がどのような遺伝子をもっているのか，また，それらの遺伝子がどのような調節を受けて働くことによって親と似た形質が表に出るのかである．しかし，前者は今ではゲノミックスと

図1・6　メンデル

いう，新しい分野の研究対象であり，後者はむしろ発生生物学の主要な研究課題である．この意味で，分子生物学同様，遺伝学の主要な部分も発展的に解消しつつあるといえる．

遺伝学のもつもう1つの顔は，生物集団における遺伝子の挙動を数理的に研究する集団遺伝学の分野である．変異遺伝子が生物集団に広がることによって生物は進化するのだから，集団遺伝学は進化学と密接に関わるし，遺伝子の拡散を規定する要因の1つは生物集団のあり方だから，生態学との接点も重要である．

### 1・2・6 ゲノミックス・プロテオミクス

生物が生きていくのに最低限必要な遺伝子セットを含むDNAのことを**ゲノム**という．各生物のゲノムの構造を調べ，その中にどのような遺伝子が，どのような配置で含まれているかを調べる研究分野を**ゲノミックス**という．ゲノミックスは1990年代半ばに分子生物学と遺伝学を母体として生まれた新しい分野で，これまでに細菌を中心に数百種の生物のゲノムの実態を明らかにしてきた．2003年春にはヒトゲノムの解析も完了した．ヒトゲノムの実態がわかったことにより，個人の遺伝的差違についても理解が進み，医療技術には画期的な進歩があるものと期待されている（9・3参照）．また，さまざまな生物のゲノムの違いが明らかになったことは，進化の研究にも大きく貢献しつつある．

生物，あるいは細胞がもっているタンパク質（プロテイン）セットのことを**プロテオーム**と言い，それを解析する分野を**プロテオミクス**とよぶ．プロテオミクスによって，ある時点に1つの細胞の中で，実際にどのような遺伝子が働いているかを知ることができる．

ゲノミックスやプロテオミクスには，実際にDNAやタンパク質を扱う技術以上にコンピューターを駆使した解析が不可欠である．ゲノミックスやプロテオミクスに関連した計算機分野は**バイオインフォマティクス**（**生物情報学**）とよばれ，現在多くの人材が必要とされている．

### 1・2・7 発生学・発生生物学

遺伝子という設計図に基づいて，生物はどのように具体的な形をつくってい

くのだろうか．その過程を追い，機構を解明するのが発生の研究である．このうち，発生の過程をおもに形態学の立場からたどる古典的分野を**発生学**（胚学）とよび，分子細胞生物学的立場から解析的に調べる分野を**発生生物学**とよび分けることが多い．

いずれにしても，1個の受精卵から多細胞の個体が形成される過程についての研究が，この分野の主要な課題である．その関連で，細胞分化や形態形成のメカニズムに，現在多くの研究者の興味が注がれている分野である．

発生も分化も，結局は個々の遺伝子の働きをどう調節するかによって違ってくる．この意味から，正常であった細胞ががん細胞へと変質する発がん機構の研究も発生生物学の重要なテーマの1つである．

### 1・2・8 形態学・解剖学

生物がどのような形をしているか，あるいは解剖したとき体の内部の構造がどうなっているかなどを調べる**形態学・解剖学**は，歴史的には生物学のもっとも重要な分野であったし，もっとも生物学らしい分野であるともいえる．生物がどんなものかを知るには，まず実物を見るのが一番なので，生物学教育上の形態学の意義は今でも大きいし，医学教育には人体解剖が必須である．しかし，研究対象としては，生物の形を固定したものととらえて記載するだけの形態学や解剖学は，もはや分野とよべないまでに衰退している．今でも一定の興味をもたれているのは，発生の際の形態形成とか，突然変異やホルモン作用による形態の変化のように，ある法則に基づいてダイナミックに変化する形態を研究する分野である．

さまざまな細胞の微細構造についてはまだよくわからないことが多いので，電子顕微鏡を用いてその形態を観察することはよく行われる．ただし，この場合でも，単なる構造の記載ではなく，何らかの生物機能への興味に基づいて行われる細胞生物学的色彩の強い研究が多い．

### 1・2・9 分類学・系統学

**分類学**は地球上に住む生物を調べあげて整理し，それらのカタログづくりを行う分野である．整理するには似たもの同士をまとめていく必要があるが，問

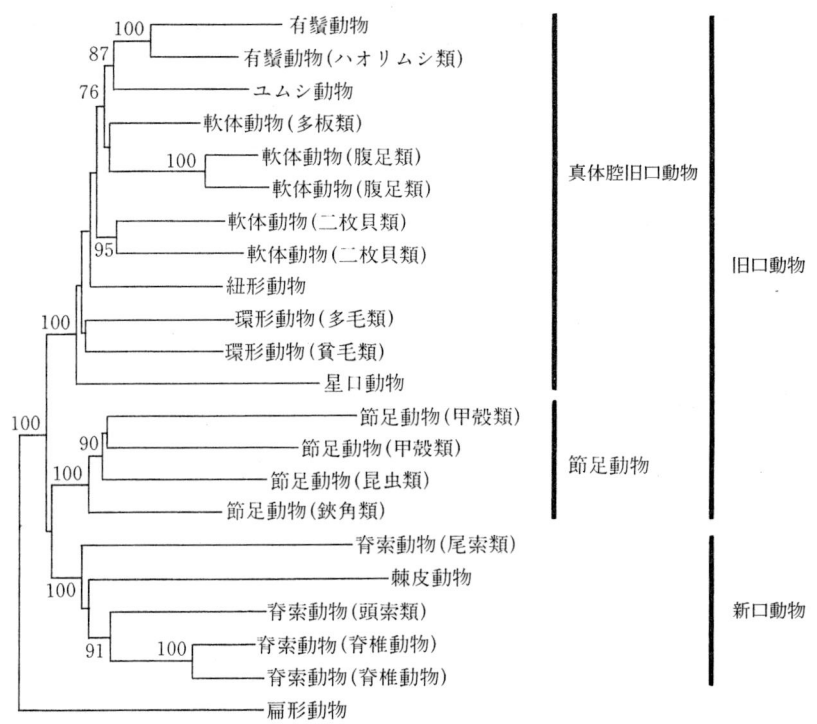

図 1・7　後生動物の分子系統樹の例

題は何を基準として似ていると判断するかである．従来の基準はもっぱら形態であったが，最近では遺伝子 DNA の塩基配列の比較を行うことによって，従来の分類結果に修正を加えつつある．

　ダーウィンが進化論に到達したのは，現在の地球上にあって，たがいによく似ている生物はもともと共通の祖先から分岐して生じたのだというアイデアを得たからだと言われている．分類学の中で，とくにある生物グループの共通祖先，それらのまた共通祖先……というものの存在を仮定して整理する方法は**系統学**とよばれる．これに基づいて，現生生物間の関係を図示したものを系統樹という．

　分子生物学を中心とする解析的生物学の発展の陰で，分類学・系統学は長年

なおざりにされる傾向にあったが，近年，生物の多様性とその要因としての生物進化に人々の注意が向けられるようになり，この分野の重要性が再認識された．とくに，分子系統学はこれまでは個々の遺伝子の違いを根拠としていたが，ゲノミックスの発展によってゲノム全体を視野に入れて生物間の系統を論じられるようになり，新しい時代を迎えつつある．

### 1・2・10 生態学・社会生物学・行動生物学

生物が個体として，あるいは集団として，それをとりまく環境や他の生物たちと相互作用するときの法則性を探求することが**生態学**の目的である．生態学は，いわば生物集団の経済学と社会学であるから，その扱う範囲はぼう大である．従来は，環境と生物の間の物質循環など，経済学に関する研究が圧倒的に多かったが，近年は社会学的研究も非常に活発に行われており，この分野はとくに**社会生物学**とよばれている．

動物を対象とする場合には，**行動生物学**も生態学の1分科とみなすことができ，この意味では心理学とも接点をもっている．その一方，自然界の物質循環を研究する立場からは産業活動などによる環境汚染の問題にも，絶滅を危惧される生物種の多さにも無関心ではいられない．おそらく，生態学は生物学の諸分野のなかで，非自然科学分野と直接的関わりの機会をもっとも多くもつ分野と言えるであろう．

最近では，分子生物学や生理学などの解析的生物学に対置される，分類学や生態学などの巨視的生物学の諸分野を包括的に「**自然史**」とよぶことも多い．


ここに述べたのは，研究対象や方法論の違いによって生物学を分類した例であるが，実際にはこれほど境界ははっきりしておらず，むしろ，どの分野に属するか帰属の明確でない境界領域において，興味深い研究のなされている場合が多い．

## まとめの問題

1. 生物学が進化の原因と結果を探求する学問といわれる理由はなにか.
2. 構造の階層性と生物体の示す整合性とはどのような関係にあるか.
3. 進化と環境の関係を大まかにまとめてみよ.
4. 生きている生物体と動いている機械, たとえば時計の共通点と相違点を考えよ.
5. 生物科学に含まれるもので, 1・2で述べた以外の分野を2, 3挙げ, それらは例として挙げた分野のどれに近いかを考えよ.
6. ゲノミックスが生物学の諸分野に与えた影響を考えてみよ.

# 2 生物の歴史

　生物科学とは生物のあり方を研究する自然科学のことである．したがって，それを学ぶに当ってはまず生物というものがどのようにして，この地球上に現れたかを考えてみる必要がある．

　ダーウィンの進化論が強い影響力をもった証拠には，今ではほとんどの人々が，地球上に住む生物は細菌からヒトまですべて，もともとは共通の祖先から生まれてきたと暗黙のうちに信じている．しかし，中世以前の人々は決してこのようには考えていなかった．古代エジプト人はナイル川の濁水からヘビが生まれ，ギリシャ人はごみ箱からネズミがわいてでると信じていたと思われる証拠が多数残っている．生物が無生物から随時このようにして生まれるものならば，ヘビとネズミが共通祖先をもったり，ネズミとヒトが親戚関係にあること

図 2·1　自然発生を示す想像図

など考える必要はなかったはずである．ルネッサンス以後は，このように素朴な自然発生説はしだいにすたれていった．今でも，われわれは「ウジがわく」という表現をすることはあるが，それはハエがきて卵を生みつけたからだということはよく知ったうえで言っている．

　それでも，19世紀に入っても，顕微鏡でしか見えない細菌のような微生物に関しては，**自然発生説**が根強く残っていた．これには，18世紀のイギリスの司祭ニーダムにいくらかの責任がある．肉を煮込んだスープを放置しておくと，まもなく腐敗するのは微生物が増殖するからであることはわかっていた．スパランツアニは，スープを煮沸してから密閉しておくと微生物が現れないことを根拠として自然発生説を否定した．ところが，ニーダムは，それは煮沸と密閉で容器内から「生命力」が除かれたからだとこれに反論し，自然発生説を主張し，その後約100年間もこの論争には結着が得られなかった．1862年になって，フランスの**パスツール**は，スープを容器で煮沸後，その容器の口を白鳥の首のように細長く伸ばせば，密閉しなくても微生物の発生はみられないことを明らかにした．この場合には，空気中にあると仮定された「生命力」は容易にスープに触れるはずなので，自然発生説は全面的に否定されたことになった．

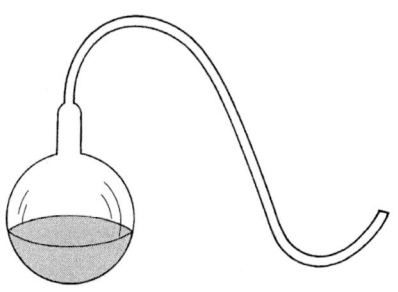

図 2・2　パスツールの"白鳥の首"

　こうして「生物は生物からのみ生ずる」という考えが確立されると，当然，では最初の生物はどうしてできたのかという疑問がでてきた．パスツール自身は，自分の実験は生物の自然発生を根本的に否定するものではなく，スープの中に微生物が生まれるのを観察できるほど頻繁には，生物の自然発生は起こらないことを証明したのだと考えていたようである．確かに，どこかで少なくとも一度は，無生物から生物の自然発生が起こらなければ，現在のわれわれの存在はなかったはずである．

## 2・1　生命の起源

　地球上の生命の起源に関して，20世紀初めにアーレニウスは，胞子のような形の生物が隕石とともに地球外の天体から飛来したという説を出したが，これにはさまざまな難点があるばかりでなく，その天体でどのようにして生命が始まったかに答えていないために，今日では影響力のある説ではない．また，過去のある時期に地球上の環境条件が偶然，生命の発生に最適なものとなり，そのとき無機物から一足とびに生物ができたとする，**生命偶発説**も信じ難い．どんなに簡単にみえる生物でも，それは実に多様で複雑な，多数の分子によって構成されており，いくら長大な時間を想定しても，それらの分子が偶然に正しく集合する確率は小さすぎて問題にならないからである．

### 2・1・1　化学進化

　現在，大部分の人々が信じているのは，物質の発展の1つの必然的結果として原始生命の発生を説明しようとする説である．すなわち，まず無機物から簡単な有機物が自然に合成され，それらがたがいに反応し合って，次々と複雑な化合物がつくられ，さらにいくつかの分子が集まって複合体をつくりあげたという過程を考える説である．このような過程は**化学進化**とよばれる．化学進化の結果，原始生物が生み出され，それが生物進化の過程を経ることによって，現在みられるように多様な生物が出現したのだと考えられている．

### 2・1・2　原始大気

　太陽系ができたのは約50億年前であり，地球もほぼその直後にできたという説が有力である．宇宙に存在する原子をみると，圧倒的に濃度の高いのは水素であり，次いで，次に簡単な原子であるヘリウムの濃度が高い．したがって，生まれたばかりの原始地球においても水素が非常に多かったであろうと推測される．その後，地球表面が冷えて地殻をつくり始めた頃には，他の原子が水素に混ざり合ってきた結果，アンモニア，メタン，水といった水素化合物が増加してきたであろう．このように，化学進化の背景となった**原始大気**は還元性の大気であったろうというのはユーリーの説である．

　ところが，当時は現在と違って，地球をとり巻くオゾン層は存在しなかった

はずである．このため，強烈な紫外線によってメタン，アンモニア，硫化水素などの還元性のガスはたちまち分解され，それによって解離された水素の大部分も大気圏外へ失われたであろうという示唆がある．この学説によれば，原始大気の主要な構成成分は今日の火山の噴出ガスと大差なく，水，二酸化炭素，一酸化炭素，分子状窒素，それにいくらかの分子状水素であったことになる．おそらく，初期の原始大気はユーリーの考えたように還元的であったが，それが次第に火山ガスに近い，より酸化的な大気に置き換えられていったのであろう．

### 2・1・3 ミラーの実験

化学進化の概念は主として，旧ソ連の生化学者オパーリンの提出したものだが，これをはじめて実験によって裏づけようと試みたのはアメリカのミラーで，1953年のことであった．

彼は図2・4のようなガラス製の実験装置を用い，ユーリーの説による還元的原始大気と同じ組成の混合気体を封じ込め，約1週間にわたって火花放電を続けた．原始地球は頻繁に放電エネルギーにさらされていたと考えられるからである．この結果，容器の中には少量ながら各種のアミノ酸を中心とした有機物が生成していることが確認された．ミラーの実験は原始地球についての模擬実験であるから，この結果は，実際の原始地球でも，無機物から有機物が自然に合成されたであろうことの強い証拠となった．

その後，原始大気はユーリーが考えたほど還元的ではないという説を受けて，封入する混合気体の組成を変えて，ミラーの実験をくり返す試みがなされた．その結果，

図2・3 オパーリン
（共同通信提供）

タンパク質の構成アミノ酸のほとんどすべてをはじめとして，さまざまな有機物の生成が可能であることが明らかになった．

### 2・1・4 生体高分子と細胞の出現

これまで述べたように，原始地球には無機物から有機物を生み出すという，化学進化の第1歩を踏み出すのに必要な舞台装置は十分に整っていたとみてよい．化学進化の第2歩目，つまり簡単な化合物からのようにして複雑な化合物ができたか，とくにアミノ酸やヌクレオチドの重合がどのように起こったかとなると，研究者の考えはさまざまに分かれる．これは1つには，原始地球に豊富にあり，簡単な有機物を生み出すもととなった種々のエネルギーが，有機物の重合のさいには，しばしば逆に阻害的に作用したと思われるからである．現在，比較的多くの研究者が支持しているのは，有機物の重合が熱い，乾いた条件下で起こったという学説である．実際に，アミノ酸の混合物を150〜200℃に加熱することで容易に重合反応が起こり，ポリペプチドが生成することも示されている．

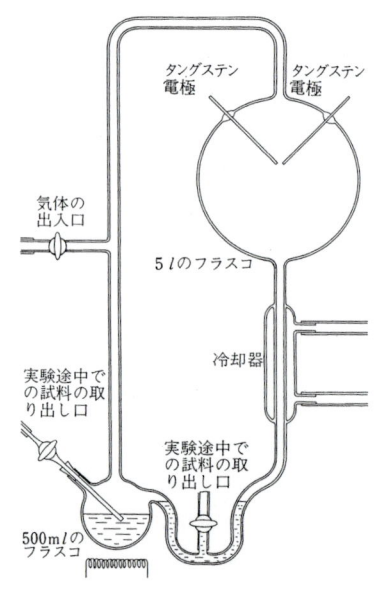

図2・4 ミラーの装置

タンパク質や核酸などの高分子物質を適当な条件下で混合しておくと，特定の分子間で自己集合を行い，規則的な構造体をつくる例は数多く見いだされている．それらの中には，周囲に境界膜をつくり，分裂するなど，細胞と似た性質をもつものもある．その一例

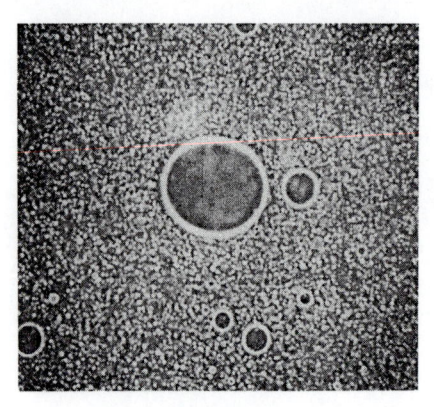

図2・5 コアセルベート
（大島泰郎氏提供）

は，アラビアゴムとゼラチンを混合したとき容易に観察される**コアセルベート**である．境界膜でしきられた細胞ができれば，その中に必要な成分を濃縮することが可能になるから，さまざまな反応がそれまでよりずっと効率よく進むようになり，生物として進化する途が拓かれたのであろう．

## 2・2 生物のたどった道
### 2・2・1 原核生物の化石

無機物の化学進化によって生物の素材となる有機物ができ，それから生物が生じたのだとすると，もっとも簡単なつくりをもつ現存の細菌よりもさらに簡単なつくりの生物が生息したはずだが，これまでのところ，そのような生物の化石はみつかっていない．

最古の細胞の化石は，約35億年前の**ストロマトライト**とよばれる堆積物である．ストロマトライトは先カンブリア時代のサンゴ礁ともいうべきもので，薄い層が幾重にも積み重なって円錐状，柱状，カリフラワー状などの岩石となった化石である．これらは，現生のシアノバクテリア（らん藻）に似た生物の集団が，長い年月にわたって砂を含んだ海水の浸透を受けて形成した化石であることが明らかになった．

### 2・2・2 真核生物の化石

細胞に核のある生物，すなわち真核生物の存在が確認されている地層としてはオーストラリアにある約20億年前のものがもっとも古い．この地層によって，緑藻類の一種や真菌類もこの時代を中心に現れたことが確認されている．

先カンブリア代末期の地層からは，クラゲに似た生物や，腔腸動物，環形動物などに属する化石が多数みつかっている．カンブリア紀（約6億年前）になると，さらに海綿動物，軟体動物，節足動物などに属する多くの動物化石がみられるようになる．魚類の化石がはじめて見いだされるのは約5億年前の地層で，それ以降の地層には，化石として残りやすい脊椎動物の歴史が克明に刻まれている．

カンブリア紀初期から中期（5.3億年前）にかけては，**カンブリア大爆発**と

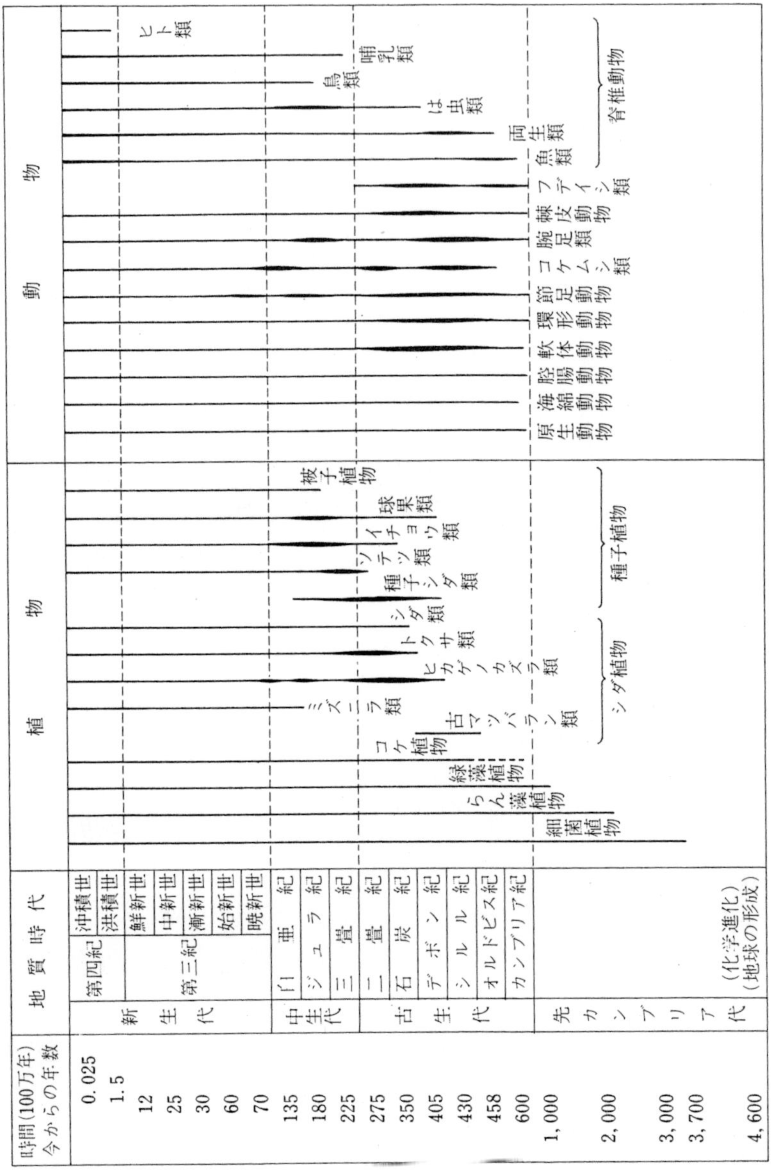

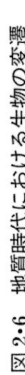

図 2・6 地質時代における生物の変遷

よばれるように，生物の多様性に劇的な増大が起こった．この時代には，現生の主要なほとんどの動物門に属する大型生物だけでなく，それ以降に絶滅したその他の門の動物たちが突然に化石記録に姿を現した．カンブリア大爆発が続いたのはわずかに500万年ないし1000万年の間だったが，この間に地球上の生命の様相は一変した．比較的単純なつくりで，動きが緩慢で，体の柔らかい動物や，植物を食べる動物（植食者）の世界から，突然に出現したのは，大型で動きのすばやい捕食者と，これらの捕食者に対する防御として体を硬い殻で覆った植食者たちだった．

化石の証拠からもう1つわかるのは，過去に多様化した生物の子孫がすべて今日まで生き残っているのではないことである．むしろ，それらの大部分は絶滅し，一部の子孫が再び多様化するという過程をくり返しながら現生の生物たちは生まれている．

### 2・2・3 酸素濃度と生物進化

先カンブリア代の大気には酸素は含まれず，したがって水中にも酸素は存在しなかった．この時代に，らん藻類や光合成細菌などが水中に溶存した二酸化炭素を利用して，細々と光合成を始めたのだと想像される．このようにして生成した酸素も，はじめは還元状態にあった地表に吸収されてしまったであろうが，地表がしだいに酸化状態になるにつれて遊離状態で存在する酸素の割合が増していったと考えられる．その結果，約6億年前になると，酸素濃度が現在の大気中にある濃度の1％に達し，この頃から多細胞生物の出現と種の多様化が爆発的に進んだ．

酸素濃度の増大は，生物の進化にとって2つの大きな意味をもっていた．1つは酸素の利用によるエネルギー獲得効率の飛躍的改善である．それまでの動物たちは有機物を摂取しても，それを無気的に分解してわずかのエネルギーを得ていただけだったが，**酸素呼吸**によって有機物の有効利用が可能になったのである．このために，好気的生物の増殖速度は増大し，種の多様化が進んだのであろう．

酸素濃度増大のもう1つの効果は，紫外線に対する遮へいである．カンブリ

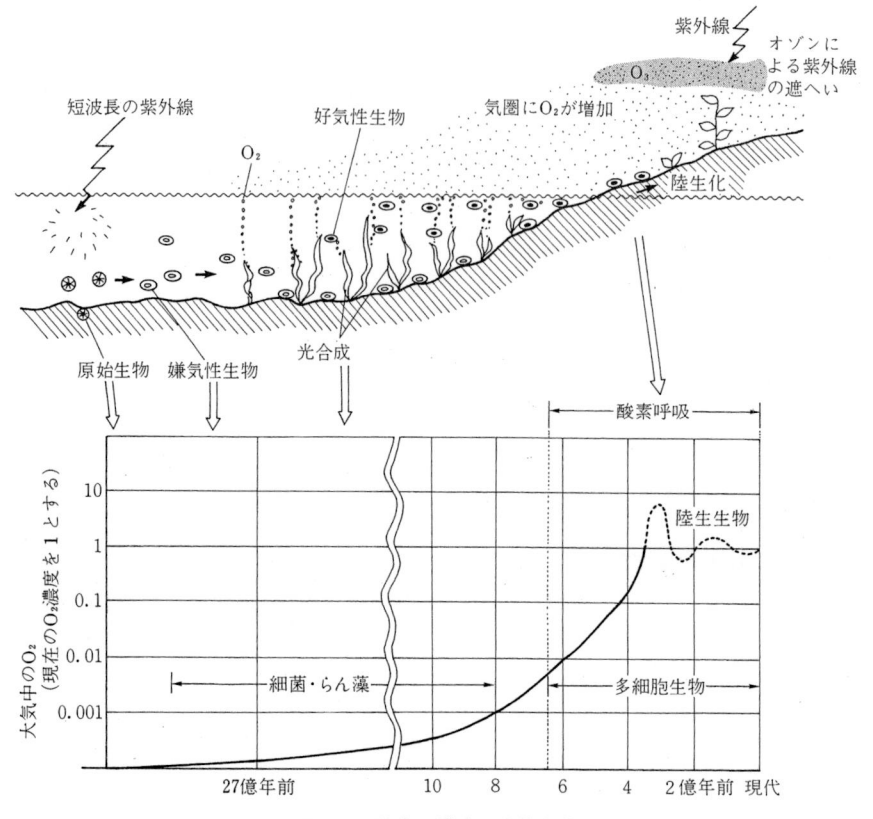

図2・7 酸素の濃度と生物進化

ア紀前期までの生物の住み場所は，水中のかなり深い場所に限られていた．これは，まだ大気中に酸素分子が少なく，地球の周囲に**オゾン層**が形成されていなかったことと関係がある．太陽から放射された生物に有害な短波長の紫外線などが，オゾン層に吸収されることなく地表に達してしまうため，それが届きにくい水中でしか生活できなかったのである．酸素濃度が増大してオゾン層が形成されて初めて，生物は陸上にあがれるようになった．これは単に活動の場が広がったことだけを意味するのではない．深い水中にいたときに比べて，太陽光を格段に効率よく利用できるようになったことを意味し，光合成能力が高

### 動植物の繁栄と酸素濃度

　動物は呼吸によって酸素を消費し，二酸化炭素を生成する．植物も呼吸をするが，その分を差し引いても，光合成によって二酸化炭素を消費し，酸素を生成する営みの方がずっとさかんである．このため，大気中の酸素濃度は現在の値に達してからも，動植物間の相対的繁栄度を反映して，何度か増減したと考えられている．

　たとえば，デボン紀から石炭紀における大型植物の繁茂が酸素濃度の急激な増大をもたらし，それが恐竜に代表される大型動物の繁栄を支えたといわれている．動物は植物を食べるので，動物の繁栄は一時的には植物の衰退をまねくが，やがて酸素が減って二酸化炭素が増加するため，再び動物に不利な状況になる．実際，恐竜の滅亡の原因の1つを酸素不足に求める考えもある．二酸化炭素が増えると，それによる温室効果も重なって，再び植物の繁栄が始まると考えられる．

　だだし，酸素と二酸化炭素のこのような増減はあくまでも呼吸と光合成のバランスからの推測である．現代はジャンボジェット機が，どんな恐竜も比較にならないほどの量の二酸化炭素を排出しつつ空を飛び交い，地上では無数の自動車がこれまた驚くべき酸素量を消費しつつ走り回っている．しかも他方では，光合成の源泉である熱帯雨林が伐採によって年ごとに面積を狭められている．その結果，たしかに温室効果は顕著になりつつあるものの，これは本当に再び植物の繁栄につながるのだろうかという不安を抱かざるをえない．すでに増減振動の許容範囲を超えて二酸化炭素が増えすぎてしまったのではないかと危惧する声が少なくない．

まり，それにより大気中の酸素濃度は自己触媒的に増大することとなった．

　このように，大気中の酸素濃度の増大と種の多様化とがほとんど軌を一にして起こっていることは，生物の進化を考えるうえで非常に重要な事実である．

## 2・3　進化の思想

　地球上の生物の種は，1つ1つ別々につくり出されたものではなく，簡単なつくりをもっていた共通祖先が，長い時間の経過とともに，自然の原因によって，複雑で多種多様なものへと変わってきたのだと考えられている．このよう

に，ヒトを含めた現生のすべての生物を歴史の産物としてとらえるのが生物進化の基本的考え方である．今でも欧米の一部には，キリスト教の影響の下に生物たちは神の必要と目的に応じて個々につくられたと信じる**創造論**が根強く残ってはいるが，大部分の人々は進化の概念を抵抗なく受け入れている．もちろん，過去は二度と戻らないのだから，生物の進化が起こったというのは，あくまでも推測でしかない．しかし，化石の証拠をはじめ，生物学各分野の知識を総合して考えると，生物には進化があったと信じてよい十分な証拠がある．その意味で，**進化論**は事実に限りなく近い仮説であると言える．

### 2・3・1 アリストテレス

古代ギリシャ時代には，宗教的統一がほとんどみられず，その後の時代に比べると唯物論的思考傾向が強かった．この影響の下に，自然や社会を，生成し発展するものとしてとらえる雰囲気があり，進化思想の生み出される土壌もあったと言われている．

アリストテレスは，自然界の事物はすべて単純から複雑へ，不完全から完全へと連続的上向きの階層的系列をなして存在すると説明した．これは「生命の

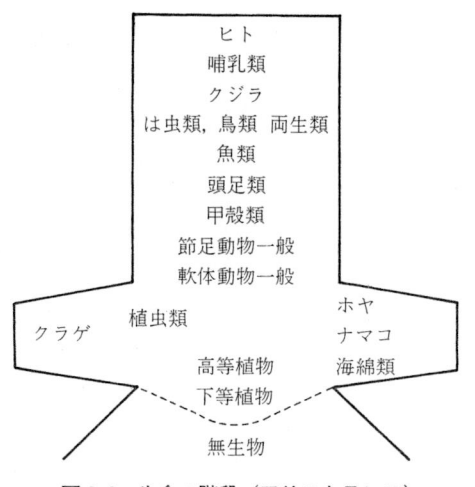

図2・8　アリストテレス　　　図2・9　生命の階段（アリストテレス）

階段」とよばれるものである。生物が連続した系列をなすという考え方は、進化論の萌芽と考えられなくもないが、実際に彼が、時間的経過に伴って生物が単純から複雑へ移行すると信じていたとは考えにくい。生命の階段が存在するのは、自然的原因による発展の結果ではなく、むしろ、神の意思に基づく超自然的原理によると考えていたらしいからである。これは、近代になって現れた進化思想とは明らかに異なる立場である。

封建制度の確立した中世においては、階層的身分制度の固定に伴い、世界を発展するものとしてとらえる思想は育たず、進化論の生まれる土壌はなかった。

### 2・3・2 ラマルク

フランス革命の基礎となった啓蒙主義の強い影響の下に、はじめて進化論を集大成したのはラマルクである。分類学の創始者として有名な、ほぼ同時代のリンネが「種の不変説」を唱えたのに対し、ラマルクは植物や無脊椎動物の研究を通じて、「種は変わる」という結論に達したのだと言われている。この意味では、彼が「進化の事実」の最初の発見者である。

1815年出版の書物で、ラマルクは進化に関する考えを次の4つの法則にまとめた。

①前進的発達の法則
②主体的進化の法則
③用・不用の法則
④獲得形質遺伝の法則

キリンの首の例で記憶されているように、このうちで後世の人々に印象深いのは第3および第4の法則である。そして、ラマルクにとって不幸なことに、この2つの法則によって彼の進化論は誤りであったという結論が世界中に流布してしまった。しかし、科学史家によると、ラマルク進化論

図2・10 ラマルク

の中心は，むしろ第1および第2の法則であったのだという．

　第1の法則では，生物は長年にわたる進化の結果，しだいに複雑化し，完成に近づいてゆき，その最高に達したのがヒトであるとしている．この法則によれば，現在でも細菌のように単純なつくりの生物がいるのは，それが出現してからの日が浅く，まだわずかしか進化していないからだという解釈になる．現在の知識に照らせば，この解釈は明らかに誤りだが，進化と進歩を混同しているという点で，啓蒙主義の影響を色濃く反映した思想でもある．

　ダーウィンの進化論がもっぱら環境から生物への働きかけを強調するのに対して，ラマルクは第2法則で生物は主体性をもって環境と相互作用すると主張しているので，彼の進化論は「**主体的進化論**」ともよばれる．生物が進化的に新しい構造を獲得するのは，自らの主体的意思によって，それを必要とするからであり，その結果，環境への働きかけも変わってくるというのが彼の主張である．この説自体には多くの異論があるが，生物が環境との間に1つのシステムを構成し，ダイナミックに相互作用しつつ進化するという考え方は，現代の

---

### ラマルクの娘

　ラマルクは生物の進化に関する主体的意思を「必要（need）」とよんだが，彼の死後，その追悼文を書いた当時の学界の権威キュヴィエは，これを意図的に「願望（desire）」と言い換えたといわれている．「願望」のように，植物にはあてはまらない概念をもちだしては，後のダーウィン進化論のように，統一理論として評価されなかったのは当然であろう．キュヴィエは「天変地異説」を唱えて進化論を否定し，ラマルクを公的にも，私的にも迫害したといわれている．ちなみに，パリの自然史博物館に残されたラマルクの胸像には，「お父さま，後世の人々はあなたをたたえ，あなたのために復讐してくれるでしょう」との娘の言葉が刻まれている．

　後世の科学史家の評価という意味では，キュヴィエへの復讐はたしかになされたかもしれない．しかし，進化論というと，何時もダーウィンの前座的扱いしか受けない父親をみて，最大の理解者であったラマルクの娘は，今もあの世で悔しがっているに違いない．

進化生態学の主流をなす考え方とも底通するところがある．

### 2・3・3 ダーウィン

　ダーウィンが世間に進化論を認知させるのに成功した最大の理由は，その学説が豊富な実証的観察に基づいて，十分な説得力をもっていたからだと言われている．しかし，そればかりではなく，時代も彼に味方した．19世紀中期，発展途上の資本主義の中で，社会構造も人々の意識も変わり，たとえ宗教の教えと矛盾する学説であっても，十分な科学的根拠があれば，人々にはそれを受け入れるだけの用意ができていたのだと考えられる．

　ダーウィンを進化論へ導いたのは，1831年から1836年にかけてのビーグル号による探険航海であった．彼がこの船上で読んだ書物の中に，ライエルの書いた「地質学原理」があった．ダーウィンはこの本によって，キュヴィエのように天変地異を考えなくても，目の前で作用している穏やかな自然力だけでも，それが長い間作用し続ければ，地球に大きな変化をもたらすことが可能であることを学んだ．そして，ビーグル号の寄港地であったガラパゴス諸島のフィンチのくちばしの形態変化の中に，生物にもその原理のあてはまる証拠をみた．こうして，5年間の航海の間に，ダーウィンは「種は変わる」という確信を抱くに到ったが，この時期は彼の進化論の形成にとって第一段階にあたる．

　第二段階は人為選択による，その実証であった．ダーウィンは家畜や栽培植物の新しい品種をつくるときの方法に注目した．彼はとくにハトについて，単一の原種から出発しても，ある意図の下に選択を積み重ねれば，別のかたちや性質をもった生物をつくり出せることを実証した．

　第三の段階は，人の手の加わらない

図2・11　ダーウィン

自然において，何が要因となって選択が起こるのかを説明することであった．1つの品種をつくるときには，ある基準で人為選択を行うが，自然が選択をするときの基準は何かという問題であった．この段階でダーウィンのヒントとなったのは，18世紀末にマルサスの「人口論」に書かれていた生存闘争の考えであったといわれている．つまり，生存闘争を勝ち抜くのにふさわしいか否かが自然選択の基準であると考えたのである．

このようにして成立したダーウィンの進化論は，1859年出版の「**種の起源**」，正確には「自然選択，すなわち適者が生存することによる種の起源」に要約されている．この中でダーウィンは，動植物が多数の子孫を残すのは，その中から環境条件にもっともよく適応し，生存に有利な変異をもつ個体を生き残らせるためであり，そのような自然の選択が代々重ねられることによって新しい種ができると述べている．

ダーウィンの進化論では環境が主体であって，生物の側に進化する主体的必要性をみとめなかった点がラマルク進化論との著しい違いである．この点が当時の人々にとって客観的であり，科学的であると思われたようである．しかし，環境に適合するものであるかぎり，獲得形質が子孫に伝えられると考えた点では，ダーウィンもラマルクと同じであった．

### 2・3・4 進化の総合説

ダーウィンの**自然選択説**は，今では「適者生存の説」として一般に受け入れられているが，獲得形質が進化の出発となりうるという考えははっきりと否定されている．そのきっかけをつくったのはワイスマン（1885）で，彼は尾を切りとったネズミからも正常な尾をもつ子が生まれることを1つの例として，獲得形質が遺伝しないことを説明した．彼は生物の体は「体細胞質」と「生殖質」に分けられ，尾のような体細胞質に起こった変異は子孫に伝えられず，生殖質に起こった変異のみが伝えられると主張したので，彼の説は「生殖質連続説」，あるいは「体細胞質不連続説」とよばれている．

ワイスマン自身は生殖質に起こる微小な変異が世代とともに蓄積し，進化の原因になると考えたが，後にド・フリースは何世代かに一度起こる大きな変

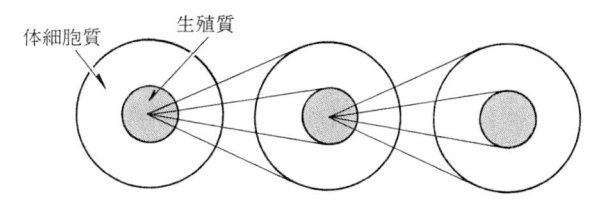

図 2·12　生殖質の連続

異，つまり遺伝子の突然変異が進化の出発点であるという説を述べた．現代の主流をなす進化の考え方は，ダーウィンの自然選択説，ワイスマンの生殖質連続説，ド・フリースの突然変異説が，メンデルに始まる遺伝子説と結びついたもので，「進化の総合説」とよばれる．その内容は次のように要約できる．

①遺伝する形質のもとは遺伝子である．
②環境の影響により生じた変異は遺伝子を変化させず，したがって遺伝することはない．
③遺伝子は変化しにくいものだが，まれには突然変異を受ける．
④突然変異自体には方向性がなく，環境に適したものも，適さないものも同頻度で起こる．
⑤突然変異に対して自然選択が働き，環境に適した変異をもつ個体がより多く生存する結果，生物は時間とともに進化す

図 2·13　工業暗化．上：明るい基盤の上にとまった原型（左）と暗化型（右）．下：暗い基盤の上にとまった原型（左）と暗化型（右）(Kettlewell より)

自然が適者を選択することにより進化が起こった実例としてよく挙げられるのは，オオシモフリエダシャクとよばれるガの**工業暗化**である．このガは元来，灰白色の淡色型で，地衣類のついた木の幹は保護色をしているため，そこへとまっていても鳥に発見されにくかった．ところが，1850年頃から工業の

---

### 肥満体質と進化

環境が変わると，有利な形質と不利な形質の逆転がありうることについては，2・3・4で述べたオオシモフリエダシャクの例が有名だが，ヒトに関しても同様のことを暗示する例がある．

どんな生物にとっても，物質代謝を進める酵素は効率よく働くほど有利だと思われがちだが，少なくとも最近の先進国に住む人間にとっては一概にそうとばかりはいえないことがある．効率が良すぎると，さまざまな障害の原因となりかねない肥満をもたらすおそれがあるからである．

世の中にはまれに，いくら食べても肥満しない体質のヒトがいる．その原因は一様ではないらしいが，あるタイプの人々のミトコンドリアでは，通常は機能しないUCPとよばれるタンパク質が働いており，そのために電子伝達系（5・4・3参照）が空回りする率が高いのだという．これが原因で，食物をいくら摂取しても，脂肪の蓄積につながるATP（5・3・1参照）があまりつくられず，エネルギーは熱として発散されてしまうのだと考えられる．

食物の乏しい環境にあった古代人にとっては，せっかくありついた食物を体内で有効に利用できないことはほとんど致命的であり，したがって活性型UCPタンパク質をもつということは，かなり不利な形質であったに違いない．現代でも，地球上の多くの地域では，このことがあてはまるであろう．しかし，飽食の環境においては，電子伝達系が空回りしやすいことは，太りにくいという意味でむしろ有利な形質ではないだろうか．ちなみに，進化学でいう「有利」とは，より多くの子孫を残しやすいという意味である．

だとすると，このまま飽食の時代が何万年も続けば（そんなことはありそうもないが……），食べても太らない人々の子孫が多数派になるかもしれない．進化と環境の関係とは，大まかにはこのようなものと考えることができる．

発展に伴う多量の煤煙で，イギリス南部に黒ずんだ木の幹が多くなると，これを保護色とする暗化型のがが出現し，50年もしないうちに，それが大部分を占めるようになった．おそらく，このがの集団内には暗化型の遺伝子が前から存在していたが，鳥に補食されやすいという理由で，それをもつ個体は多数派になれなかったのであろう．ところが環境が変化した後では暗化型の方が有利となり，このように広がったのだという説明が可能である．ちなみに，環境汚染対策がなされ始めてからは，この地域にも再び淡色型のがが増え始めたことも確認されている．

　このような例は**小進化**とよばれ，たいていは進化の総合説でうまく説明がつく．しかし，魚類から両生類へ，は虫類から哺乳類へというような**大進化**は総合説だけでは説明しにくい．

### 2・3・5　分子進化と中立説

　進化学の有力な方法の1つは，現生生物どうしの類縁関係を明らかにし，それによって過去の生物進化の道筋を推測することである．ダーウィンがガラパゴス諸島のフィンチのくちばしの形の変異から進化論のヒントを得たように，伝統的進化学で生物間の類縁を論じるときの基礎となったのは，常に形態が似ているか否かであった．しかし，形態を基準として類縁を考えることは，進化の要因を自然選択に求める進化論とは本当は矛盾している．クジラが水中に住むゆえに他の哺乳類とは違って魚類と似た形態をもつように，生物は元来近縁であっても，生息環境に応じてまったく異なる形態になることが考えられるからである．自然選択が進化の要因であるかぎり，生物の形態だけでなく，それを形づくっている多数の分子も環境を反映して，それぞれに違うだろうとかつては想像されていた．

　ところが，1960年代になってタンパク質や核酸の比較研究が行われるようになって，これらの分子の構造は生物の生息環境とは無関係に，一定の率で変わりつつあることが明らかになった．タンパク質や核酸の構造は生物間の類縁度，つまり2つの種がいつ共通の祖先から分岐したかだけを反映して違っていることがわかったのである．その後，構造の変化する率は分子の種類によって

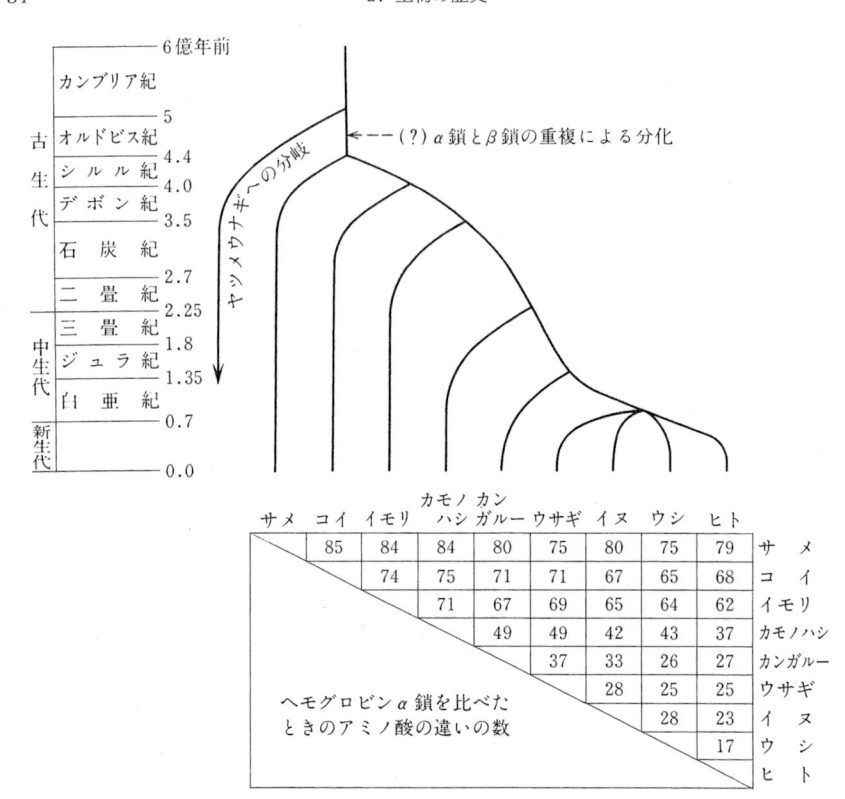

| | サメ | コイ | イモリ | カモノハシ | カンガルー | ウサギ | イヌ | ウシ | ヒト | |
|---|---|---|---|---|---|---|---|---|---|---|
| | | 85 | 84 | 84 | 80 | 75 | 80 | 75 | 79 | サメ |
| | | | 74 | 75 | 71 | 71 | 67 | 65 | 68 | コイ |
| | | | | 71 | 67 | 69 | 65 | 64 | 62 | イモリ |
| | | | | | 49 | 49 | 42 | 43 | 37 | カモノハシ |
| | | | | | | 37 | 33 | 26 | 27 | カンガルー |
| | | | | | | | 28 | 25 | 25 | ウサギ |
| | | | | | | | | 28 | 23 | イヌ |
| | | | | | | | | | 17 | ウシ |
| | | | | | | | | | | ヒト |

ヘモグロビン α 鎖を比べたときのアミノ酸の違いの数

**図 2・14 ヘモグロビン α 鎖の比較による脊椎動物の系統樹.** 分岐してからの時間の長さを反映してアミノ酸が変わっている
（木村資生編「分子進化学入門」培風館より）

異なること，また，同一の分子内でも容易に変わる部分と変わりにくい部分のあることがわかった．やがて明らかになったことは，生物の基本的機能をになっている分子や分子の部分は変わりにくく，そうでない部分ほど変わりやすいという重要な事実であった．

これらの結果の理論的検討に基づいて，木村資生（1968）は**分子進化の「中立説」**を提唱した．この説の骨子は，分子の重要な部分を変えるような突然変異が起こると生存に不利になるので，それをもつ子孫が集団の中で多数を占めるようになることはないが，機能上重要でない（中立的）部分に起こった突然

変異は一定の確率で集団内に広がり，大多数を占めるようになるというものである．ここで重要なのは，変化の起こるのは中立的部分なので自然選択は働かないこと，したがって忠実に時間経過の長さだけを反映して分子が変わることを説明できることである．このことが認識されて以来，核酸やタンパク質の構造の比較を通じて，生物間の類縁度を定量的に表すことが可能になった．

中立説は進化学だけでなく，分子生物学全般にも大きな影響を与えた．1つの分子の中に生物種を超えて保存されている部分があれば，そこは分子の機能にとって重要な部分だと見当をつけられるようになった．

### 2・3・6 進化学：今後の課題

進化の総合説と中立説はたがいに対立する概念ではなく，生物進化の2つの異なる局面にそれぞれの説明を加えたものといえる．したがって，今後の課題は2つを融合し，包括的に進化を理解する道を拓くことである．それには，次の3つに答える必要がある．

①分子進化が中立的部位だけに起こるのだとすれば，進化による分子機能の改善はなかったのか？

---

**進化の縦糸と横糸**

形態の進化に対しては自然選択が正に，分子の進化に対してはそれが負に働くようにみえるのは，われわれの手にすることのできる進化の証拠の質が，両者で異なるからにすぎないかもしれない．形態の進化の証拠となっているのは化石という，時間を貫く縦糸であり，これと対照的に，分子進化の証拠は現生生物種間の比較という横糸である．したがって，われわれが現在見ているのは，形態と分子への自然選択の作用の本質的違いではない可能性もある．すなわち，縦糸をたどることによって自然選択の正の作用面を，横糸をたどることでその負の作用面を，本来よりも誇張された形で見せられているだけなのかもしれない．その意味では，数千万〜数億年前の生物のDNAが壊れずに残っていると貴重なデータになりそうだが，残念ながら今のところそのようなものは得られていない．あまり壊れずに残っているのは，せいぜい数万年前のマンモスのDNAだけである．

②分子進化が中立的部位だけに起こるのだとすれば，それ自体は生物の種分化の要因とはなりえない．では，種分化の直接の要因は何か？

③不利な形質をもつ個体の子孫は多数派になれないという負の自然選択の結果，分子進化が中立的部位だけに起こるのだとすれば，分子によって構成されている形態に対しては，有利なものを残すという正の選択が働くようにみえるのはなぜか？

①～③はたがいに関連し合った問いであるが，最大の難問は③である．生物学の研究がさらに進めば，これにも自ずと答えが得られるのであろうか．それとも，生物の進化には，まだわれわれの気づいていない法則性があるのだろうか．

## まとめの問題

1. パスツールの白鳥の首の装置では，なぜ微生物の増殖が起こらなかったのか．
2. 化学進化と生物進化の関係を説明せよ．
3. ミラーの実験は生命の起源を推測するうえで，どのような意義があったか．
4. 生体高分子の出現については実験で確かめられないことが多いが，そのおもな理由は何か．
5. 光合成による酸素濃度の高まりは，生物の進化にどのような影響を与えたか．
6. 進化論は各時代の社会的風潮を敏感に反映した科学思想といわれている．それを具体例で説明せよ．
7. ラマルクとダーウィンの進化論を比べたとき，著しく違う点および共通にみられる誤りを1つずつあげよ．
8. 進化の総合説を要約せよ．
9. 分子進化と形態進化はどの点で一見矛盾しているように思えるのか．
10. 中立説はどのような点で分子生物学全般に影響を与えたのか．
11. ゲノミックスの発展は，今後の進化の研究にどのような影響を与えると考えられるか．

# 3 生物の多様性

　今から30数億年前に生物の祖先は一度だけ，この地球上に生まれたと考えられている．それ以来，生物は地球上の環境が多様化するのに伴い，それらに適応し，きわめて多様な種に分化して現在に到っている．現在の地球上で知られている生物の種数はおよそ150万だが，実際に生息する種の数は少なくともその10倍，見方によっては100倍以上に達すると考えられている（表3・1）．しかも，これはあくまでも現生種についての数字である．30数億年の生物の歴史の間には，おそらく，これよりはるかに多い数の種が生み出されては絶滅していったものと思われる．

表3・1　地球上に生存する生物種数

|  | 認知されている種数 | 実在すると推定される種数 |
|---|---|---|
| ウイルス | 5000 | 50万 |
| バクテリア | 4000 | 40万〜300万 |
| 菌類 | 70000 | 100万〜150万 |
| 原生動物 | 40000 | 10万〜20万 |
| 藻類 | 40000 | 20万〜1000万 |
| 植物 | 230000 | 30万〜50万 |
| 脊椎動物 | 45000 | 5万 |
| 線形動物 | 15000 | 50万〜100万 |
| 貝類 | 70000 | 20万 |
| 甲殻類 | 40000 | 15万 |
| 蜘蛛類 | 75000 | 75万〜100万 |
| 昆虫類 | 950000 | 800万〜1億 |
| 全生物 | 1500000 | 1000万〜1億数千万 |

"Systematic Agenda 2000"より，一部修正

## 3・1 生物の分類法
### 3・1・1 系統樹

生物の共通祖先と現生生物の関係は1本の木にたとえることができる．この木を**系統樹**という．この木の小枝1本ずつに対応するのは種，すなわち生物界を考えるときの基本単位である．どの小枝もつけ根の方へたどってゆくと，太い幹へ合流する．木の幹が1本の根で支えられているのと同様に，生物の種はいくら多様であっても祖先は共通である．

ただ，系統樹と現実の木の間には重要な違いが1つある．現実の木については，われわれはその全体像をみることができるが，系統樹の場合，実際われわれに見えるのは小枝だけだという点である．根はもちろん，幹も太枝も過去という死の淵に沈んでしまっている．ときどき化石というかたちで，その断片が浮かびあがってくるだけである．したがって，現実に見えている多数の小枝が単一の根につながっているというのは，間接証拠に基づく推測に過ぎない．しかし，さまざまな研究の結果は，これが十分に信ずるにたる推測であることを示している．

図3・1 生命の木

これまでの系統樹は，生物間のおもに形態を総合的に比較して描かれてきたが，分子進化の中立説の概念がゆき渡った最近では，いくつかの遺伝子やゲノムの構造を生物間で比較し，その結果に基づく定量性の高い系統樹が描かれることが多い．このような分子系統学による系統樹を**分子系統樹**という（図1・7，図2・14参照）．

## 3・1・2 分類の体系

現生の生物種を,それらの系統関係に基づいて整理するのが生物分類学の主要な目的である.分類の基準になるのは「**種**」である.種の定義は厳密には難しいが,形質の上で共通した特徴をもつ個体群で,相互に生殖を行って子孫を残す可能性をもつものといってよかろう.おのおのの種はたがいに違ってはいるが,さまざまな程度と広がりで,それらには共通の形質も存在する.

表3・2 分類学上のヒトの位置

| 分類単位 | ヒトの所属する群 |
|---|---|
| 界 | 動物 |
| 門 | 脊椎動物 |
| 綱 | 哺乳類 |
| 目 | 霊長類 |
| 亜目 | 真猿類 |
| 上科 | ヒト |
| 科 | ヒト |
| 属 | ヒト |
| 種 | ヒト |

その共通性の系統的重要度を評価し,その程度に応じていくつかの種を属にまとめ,同様に属を科に,さらに目,綱,門,界の順に体系的にまとめてゆく.これがリンネに始まる生物の分類体系の骨格である.

最近では,前項で述べた分子系統学による解析結果から,従来とは異なる分類単位への所属替えを提唱されている種も少なくない.

## 3・1・3 超生物界と真核生物の起源

前項で述べたように,種を分類の基準にとり,いわば下から積み上げてゆく分類体系に対して,最近では,生物全体をまずいくつの系統に分けるべきかという,上から見渡した議論のなされることが多い.古くからの分類法では,まず動物と植物に分けるのが伝統的であったが,その後,細胞の構造の基本的違いに基づいて,生物全体は「**原核生物**」と「**真核生物**」の2つに分類されるようになった.ところが,ウーズらによる分子進化の研究(1977年)から,原核生物はまったく異なる2つの系統からなることが明らかにされて以来,さまざまな議論を経て,現在では生物は大きく3つの**超界**(超生物界),すなわち「**真正細菌**」,「**真核生物**」,および「**古細菌(アーケア)**」に分かれるとする考え方がほぼ定着している.

この3超界説と**共生説**(マーグリス,1970年)に基づいてこれら3つの生

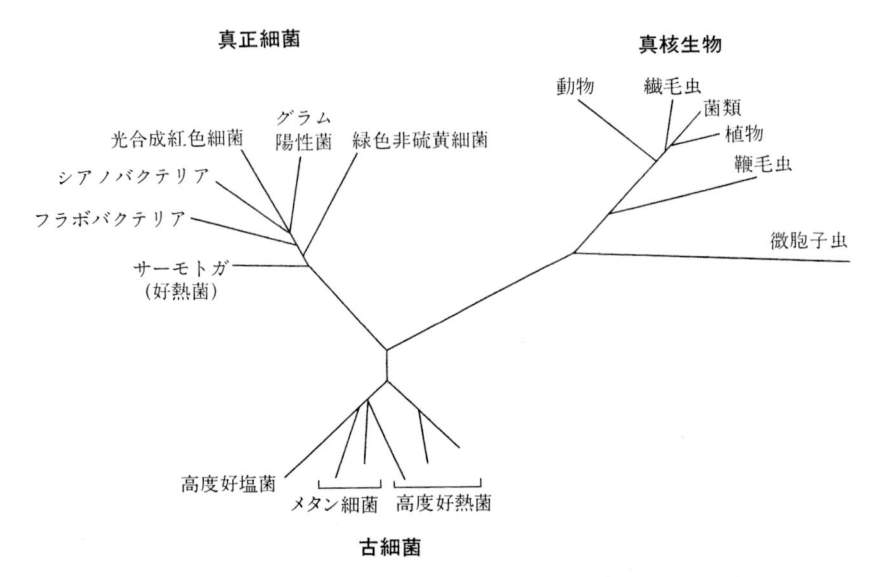

図3·2 リボソームRNAの構造に基づいて推定された生物の系統樹

物群の関係は次のように説明されている．30数億年前に生まれた原始細胞から，やがて真正細菌および古細菌の祖先が分岐し，今から10数億年前に，ある古細菌の細胞内へ，少し時間をおいて2種類の真正細菌が共生するようになり，真核細胞（真核生物）の祖先が生み出された（図3·7参照）．この説によれば，今から10億年前までには，3つの超界の祖先がでそろったはずだが，これには化石からの裏づけもある．

### 3·1·4　5 界 説

　生物全体を5界に分けるのは，1950年代にホイタッカーによって提唱され，後年マーグリスが整理した考え方である．5界説では，真核生物を養分を取り込む方法の違い，すなわち植物の光合成，菌類の体表面からの吸収，および動物による食物摂取法によって3つに分け，さらにこれに原生生物を加えて4界に分類した．一方，原核生物はモネラ界1つにまとめられた．伝統的な分類法では，植物界の中に菌類だけでなく，原核生物まで含めており，これらを独立の界として扱ったのが5界説の大きな特徴であり，合理的なところでもある．

ただし，原生生物を界として独立させること，とくにその中に多細胞からなる藻類までを含めることにはかなりの批判がある．また，5界説は前項に述べた超界の概念以前に出された考え方であり，その後修正されていないため，それぞれ独立の超界を構成する真正細菌と古細菌を，モネラという1つの界にまとめるといった大きな矛盾を抱えている．本書では，超界の概念を採用し，モネラ界を真正細菌界と古細菌界に分けて扱うが，他の分類法の大筋は5界説に従って説明することにする．

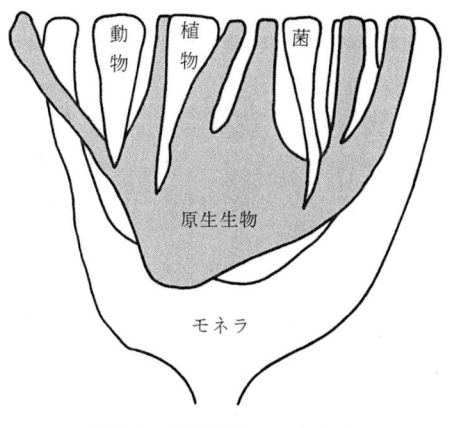

図3・3　5界説（マーグリス）

## 3・2　真正細菌界

原核生物（真正細菌と古細菌）と真核生物の間には，細胞の基本構造にはっきりした違いがあるため，生物を分類するとき，2つをたがいに独立させて扱うことは現代分類学の基本である．

### 3・2・1　原核生物

ここに述べるのは真正細菌だけでなく，古細菌にも共通する特徴であるが，便宜上ここで説明しておく．原核生物が共有するおもな特徴は，遺伝物質であるDNAの存在箇所が細胞内ではっきりした核膜によって区画されておらず，DNA自体も大部分はタンパク質との複合体をつくらず，ほとんど裸の状態で存在する点である．また，原核生物の細胞内にはほとんど膜（内膜）の発達がなく，それに囲まれたミトコンドリアなどの細胞小器官も存在しない．

起源の古さや生息環境の多様性などを考えあわせると，原核生物の種は非常に多いはずだが，実際に知られている現生種は数千種に過ぎない．大きさが通常は $0.1 \sim 3\,\mu m$ と動植物細胞の10分の1以下しかなく，著しい体制の分化が

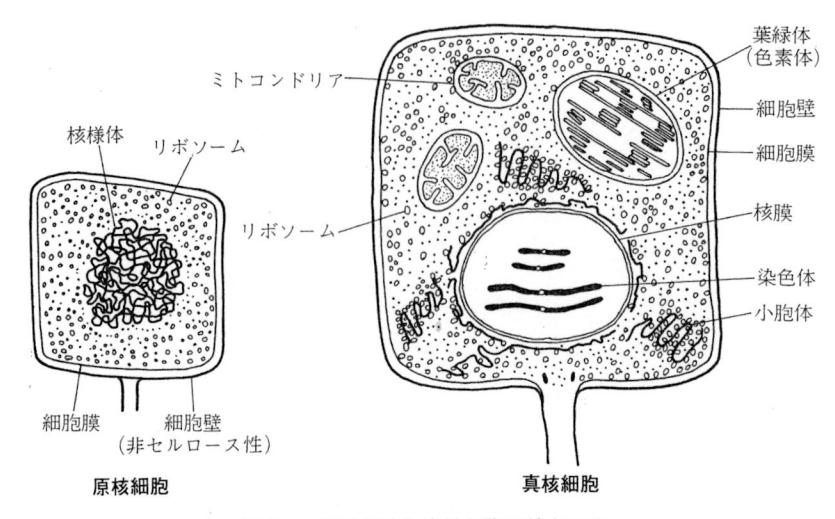

図3・4 原核細胞と真核細胞の基本構造

ないため，形態的特徴だけから詳しい分類を行うのが困難だったためと思われる．

　細菌には寒天培地上で増やし，集団（コロニー）をつくらせないと同定できないものが多いが，最近わかってきたのは，自然界にはゆっくりとしか増殖しない細菌が非常に多数存在することである．これらの細菌はコロニーを観察できないため，これまで存在が無視されてきた．最近の技術の進歩で，これらの細菌の同定もDNAの解析を通じて可能になったので，今後は新しい種が次々とみつかることだろう．

### 3・2・2　グラム陽性菌とプロテオバクテリア

　真正細菌は，主としてリボソームRNA遺伝子の構造（塩基配列）に基づいた分子系統学的解析によると12の群に分けられるが，各群は必ずしも従来からの分類単位である「門」に対応するわけではない．

　細菌の大まかな分類の手段として，従来から用いられてきたのは**グラム染色法**である．これはある色素で細菌の細胞壁を染めた後，それがアルコールで脱色されるものを陰性，されないものを陽性とする判別法である．細胞壁が非常

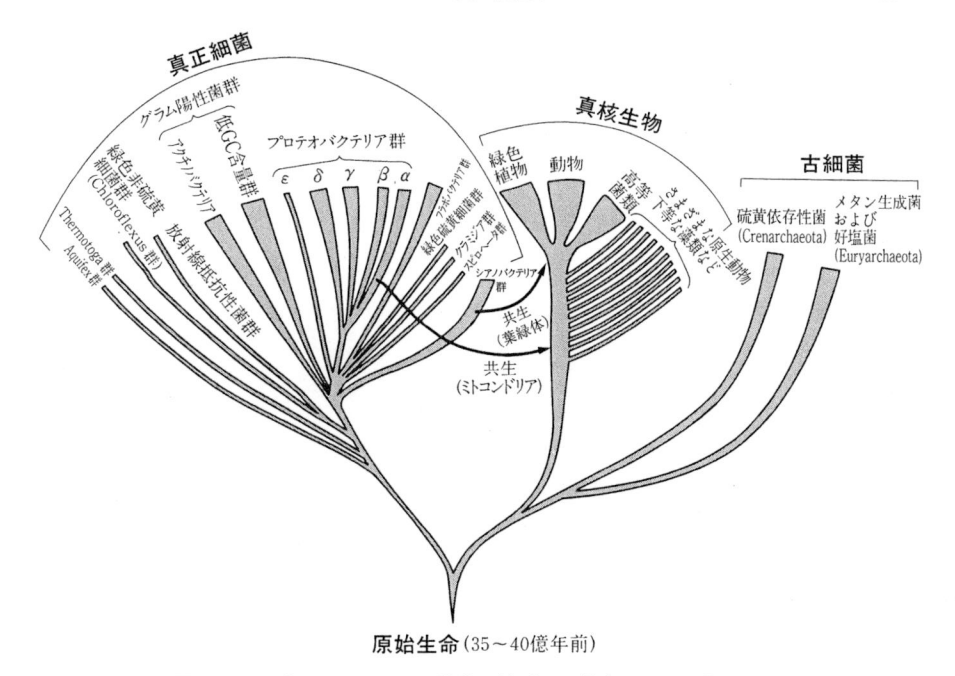

図3・5 リボソームRNAの構造に基づいて推定された生物の進化

　に厚いペプチドグリカン層からなる一群の細菌は，一度染色されると脱色されにくく，「**グラム陽性菌**」に分類される．これらの細菌が単一の系統をなすことは，分子系統学的にも支持されている．グラム陽性菌には，枯草菌，連鎖球菌，ブドウ球菌，破傷風菌，結核菌など，菌体外毒素を生産する多くの病原菌が含まれる．

　これ以外の11群の真正細菌は，細胞壁のペプチドグリカン層が薄いか，マイコプラズマのように失われているために，いずれも「**グラム陰性菌**」に分類される．したがって，グラム陰性菌には非常に多くの種が含まれるが，そのうちで形態，生活様式，分子構造の点で際立った特徴を共有する細菌は，それぞれに10の群にまとめられ，それ以外の細菌は，さまざまな性状を含む菌群という意味から，「プロテオバクテリア」群とよばれるようになった．プロテオバクテリアには大腸菌，窒素固定菌，サルモネラ菌，チフス菌，赤痢菌など，

非常に多くの細菌が含まれる．共生によって真核細胞のミトコンドリアの祖先となった細菌もプロテオバクテリアの1種であると考えられている．

### 3・2・3 細菌の多様性

自然界から真正細菌を分離してみると，90％以上はプロテオバクテリアとグラム陽性菌群であり，残りの大部分はフラボバクテリア群である．フラボバクテリアは土壌中に多数みられ，細胞表面の粘性の高い物質を利用した，特徴的な滑走運動を行う．他の9つの細菌群は，ふつうは自然界に非常に少ないが，そのうちの1つ，シアノバクテリア群の1種であるアオコは，富栄養湖などでときに大量発生する．**シアノバクテリア**はかつては「らん藻」とよばれ，藻類に分類されていたが，現在では真正細菌の一員であることが確認されている．緑色植物と同じしくみで光合成を行うことをはじめ，シアノバクテリアの一種が真核細胞と共生して葉緑体の祖先となったことには，数多くの証拠がある．

真正細菌は地球上のいたるところに生息し，その生活様式はきわめて多様である．一見単純に思える形態にしても，桿菌や球菌以外に，スピロヘータのような らせん菌，水中の岩石に付着する有柄細菌などがある．また，細菌は必ずしも単細胞とは限らず，多細胞となって生活し，各細胞が機能的分化をして

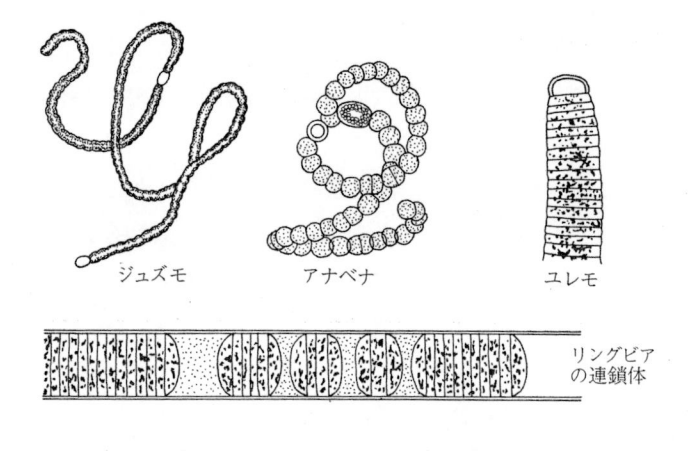

図3・6　シアノバクテリア（らん藻）

いる例が，グラム陽性菌，プロテオバクテリア，およびシアノバクテリアで知られている．その他の点でも，嫌気的か，好気的か，独立栄養か，従属栄養か，また，独立生活性か，寄生性か，さらには，高温抵抗性か，放射線抵抗性か等々，多様性に富んでいる．

## 3・3 古細菌（アーケア）界

ウーズら（1977年）はリボソーム RNA を用いた分子生物学的研究から，高温，高塩あるいは強酸といった異常環境に生息する一群の細菌が1つの分類単位として独立し，それ以外の細菌と区別できることを発見した．その生息環境が原始地球環境に似ていることから，これらの細菌を真正細菌に対して，「古細菌」とよばれるようになった．

### 3・3・1 古細菌の系統

最近の分子進化学的研究からは，古細菌の祖先は真正細菌の祖先と分かれた後で，比較的短時間にふたたび2つの系統に分岐したことが示唆されている．1つは原始的形質を残したまま進化し，現生の古細菌とよばれている系統，もう1つは真核生物の祖先となる系統である（3・3・2参照）．現生古細菌への系統は，その後さらにメタン生成菌と好塩菌を含む一群と，70℃以上の高温環境に生息し，無機イオウをエネルギー生産に利用する**イオウ依存性菌（イオウ依存高度好熱菌）**の一群へと分かれたものと思われる．

ウーズらが初めて出会った古細菌は**メタン生成菌**である．これらの菌は沼や海底の泥の中に生息し，厳密な嫌気条件の下で，$CO_2$を直接 $H_2$ で還元してメタンを生成しているものが多く，湖沼の底から出るメタンガスの発生源となっている．また，哺乳類の腸やシロアリの消化管に生息するものの中には，酢酸の分解によってメタンを生成する細菌もあり，それらが生成するガスは地球上で生成する全メタン量のかなりの部分を占めるといわれている．ふつうの細菌は 0.2 M NaCl 以下の培地でもっともよく生育するが，古細菌の一種の**高度好塩菌（ハロバクテリウム）**はほとんど飽和（5.2 M）に近い NaCl 濃度の塩湖や塩田に好んで生息する．高度好塩菌はメタン生成菌に近縁で，特有の色素

**表3·3　リボソームRNAの相関関係**（Woese, C. R.と Fox, G. E. 1977より改変）
似ているものほど係数が大きくなる

|  |  | 1 | 2 | 3 | 4 | 5 | 6 | 7 | 8 | 9 | 10 | 11 | 12 | 13 |
|---|---|---|---|---|---|---|---|---|---|---|---|---|---|---|
| 真核生物 | 1. S.cerevisiae (酵母) | — | | | | | | | | | | | | |
|  | 2. L. minor (ウキクサ類) | 0.29 | — | | | | | | | | | | | |
|  | 3. L 細胞 (哺乳類) | 0.33 | 0.36 | — | | | | | | | | | | |
| 真正細菌 | 4. E. coli (大腸菌) | 0.05 | 0.10 | 0.06 | — | | | | | | | | | |
|  | 5. C.vibrioforme (光合成細菌) | 0.06 | 0.05 | 0.06 | 0.24 | — | | | | | | | | |
|  | 6. B. firimus (枯草菌) | 0.08 | 0.06 | 0.07 | 0.25 | 0.22 | — | | | | | | | |
|  | 7. C.diphtheria (ジフテリア菌) | 0.06 | 0.10 | 0.07 | 0.28 | 0.22 | 0.34 | — | | | | | | |
|  | 8. Aphanocapsa 6714 (らん藻類) | 0.11 | 0.09 | 0.09 | 0.26 | 0.20 | 0.26 | 0.23 | — | | | | | |
| 細胞小器官 | 9. ウキクサ葉緑体 | 0.08 | 0.11 | 0.06 | 0.21 | 0.19 | 0.20 | 0.21 | 0.31 | — | | | | |
| メタン細菌 (古細菌) | 10. M. thermoautotrophicum | 0.11 | 0.10 | 0.10 | 0.11 | 0.06 | 0.11 | 0.12 | 0.11 | 0.14 | — | | | |
|  | 11. M. ruminantium | 0.11 | 0.10 | 0.10 | 0.12 | 0.07 | 0.13 | 0.12 | 0.11 | 0.12 | 0.51 | — | | |
|  | 12. Methanobacterium sp. | 0.08 | 0.13 | 0.09 | 0.07 | 0.06 | 0.06 | 0.09 | 0.10 | 0.10 | 0.25 | 0.25 | — | |
|  | 13. M.barkeri | 0.08 | 0.07 | 0.07 | 0.12 | 0.09 | 0.12 | 0.10 | 0.10 | 0.12 | 0.30 | 0.24 | 0.32 | — |

をもった膜を利用して，独特の方法で光合成を行う種が多いことも1つの特徴である．

　古細菌の第2の系統は**イオウ依存性菌**とよばれる一群で，典型的なものは温泉の湧出口など70℃以上の高温，しかもpH3以下の強酸性条件下で，イオウまたは硫化物の酸化や還元を行ってエネルギーを得ている．しかし，この群の古細菌はきわめて多様性に富み，多くの真正細菌のように有機物を好気的に分解するもの，嫌気的に分解するもの，有機物の分解に依存しない嫌気性の独立栄養細菌などさまざまな生活様式をもっている．生息温度も60℃程度から100℃以上まで，好むpHも1から中性付近までと幅広い分布を示す．このことは，これらの古細菌が原始地球環境によく適応するとともに，その変化に応じて多様化しつつ現在に至ったことを示している．

## 3・3・2 古細菌と真核細胞の関係

真核細胞の細胞小器官であるミトコンドリアと葉緑体の起源が真正細菌に求められるのに対して，それらを受け入れた細胞，すなわち真核細胞の細胞質と核の起源は古細菌であるという考えが，最近では定着しつつある．そのおもな証拠は，遺伝子発現系に関わるものを中心として，古細菌のもつタンパク質の性質のうちのかなりの部分が，真正細菌のものよりも真核細胞に類似しており，また，遺伝子 DNA や RNA の構造にも，前者よりも後者との共通点が多いという事実である．さまざまな古細菌について，真核細胞との類似点を吟味した結果からは，真核細胞の細胞質と核の祖先にもっとも近縁なのは，現生の古細菌では，嫌気性のイオウ依存高度好熱菌と考えられている．ただし，古細菌には核という構造は存在しない．真核細胞の核を区画する膜構造がどのようにしてできたのかを初めとして，まだわからないことがたくさん残されている．

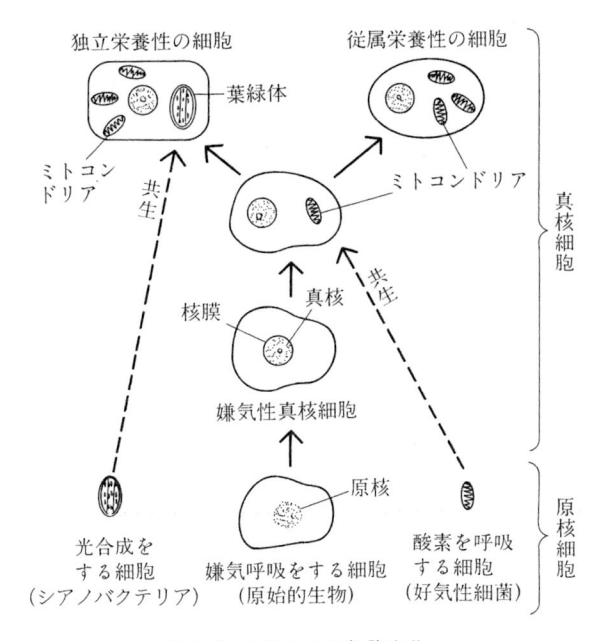

図 3・7 共生による細胞進化

## 3・4 原生生物界

真核生物のうちで，この界に含まれるのはすべての原生動物，シアノバクテリアを除くすべての藻類，それに粘菌類である．藻類は植物界へ，粘菌類は菌類界へ含ませるべきだとの異論も少なくない．

### 3・4・1 プロティスタ

主として単細胞の体制をとるものは一括してプロティスタとよばれ，その過半は**原生動物**である．原生動物の主要なグループとしては，ヤコウチュウ，ミドリムシなどを含む鞭毛虫類，アメーバ類，マラリア原虫などの胞子虫類，ゾウリムシ，テトラヒメナなどの繊毛虫類がある．細胞のつくりとしては繊毛虫類がもっとも整っており，多細胞動物（後生動物）にもっとも近いと考えられている．

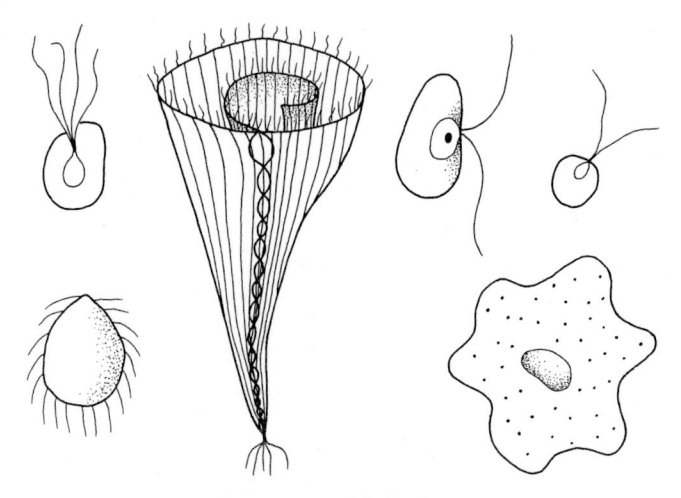

図3・8　原生生物界の細胞

単細胞藻類に含まれる渦鞭毛藻類は原生動物にも近いが，細胞核の分裂様式や染色体の構造の点で原核生物にもっとも近い，原始的真核生物だとの見方もある．ケイ藻類は多様なグループで，植物プランクトンの主要なものである．

### 3・4・2 藻　類

おもに多細胞体制をとる藻類には，褐藻類（コンブ），接合藻類（アオミド

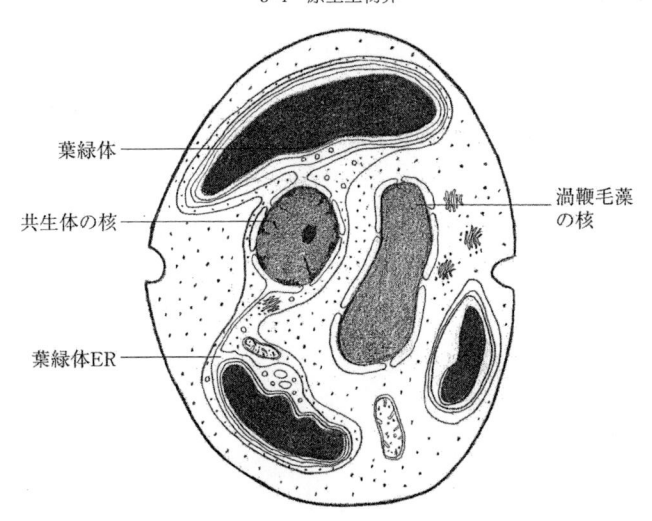

**図 3・9 渦鞭毛藻．** 真核細胞からなる藻類が共生して葉緑体として働いている．

ロ），紅藻類（アサクサノリ），緑藻類などがある．このうちでもっとも多様に分化しているのは緑藻類で，クラミドモナスのような単細胞体から，群体をつくるので多細胞体の原始的モデルとみなされるボルボックス，さらに完全な多細胞体のアオサ，カワノリなどさまざまである．緑藻類は大多数が淡水中に生育するものだが，光合成のしくみなどコケ，シダ，種子植物と多くの共通点をもつため，陸上植物の祖先型と考えられる．

### 3・4・3 粘菌と卵菌

真性粘菌や細胞性粘菌は胞子をつくり，細胞壁をもつが，生活環のある時期にアメーバ状になることと，真性粘菌やツボカビ，ネコブカビなどの遊走子の鞭毛が原生動物の鞭毛に似ていることを根拠として，5界説では原生生物界の一員とされている．卵菌（水生菌）の代表的なものは魚類に寄生する白色のカビ状の生物である．

**図 3・10　シャジクモ**

## 3・5 菌 類 界

菌類（真菌類）は光合成を行わず，有機物を体表面から吸収する従属栄養性の真核生物である．細胞が共通して**波動毛**（鞭毛と繊毛）を欠いているのが粘菌類などとの差違の1つである．

### 3・5・1 菌類の分類

おもな菌類は通常，接合菌類（ケカビ，トリモチカビ），子のう菌類（酵母，アカパンカビ），担子菌類（キノコ類，サビ菌）の3群に分けられる．**接合菌類**は栄養体が菌糸体で基本的に隔壁を欠くため，多核であるのが特徴である．**子のう菌類**は単細胞の酵母から大型の子実体をつくるものまで，多くの多様な種を含み，昆虫寄生性の冬虫夏草などもこのなかである．菌糸体にはキチン質に富む隔壁がつくられ，多細胞となる．有性生殖によって子のう胞子を形成するのもこのグループの特徴である．**担子菌類**は有性生殖を行った後，胞子を

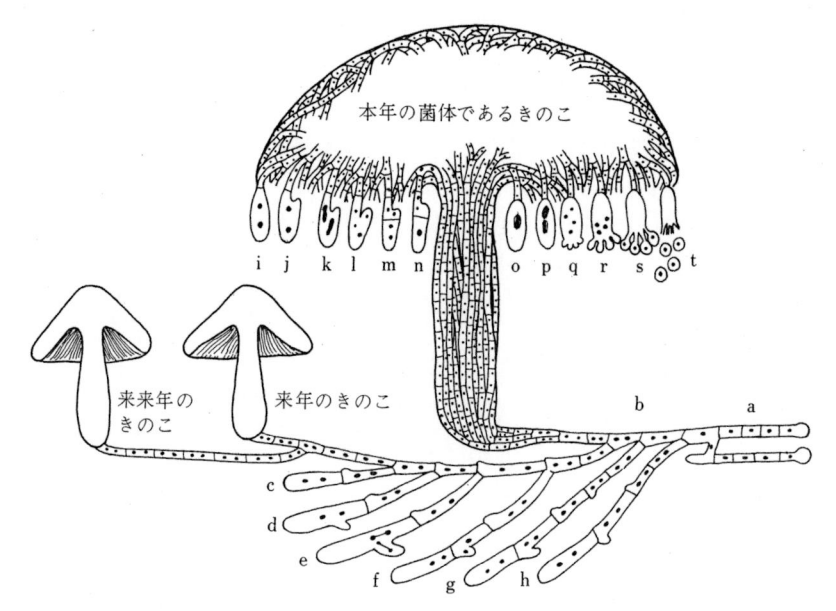

図3・11　担子菌類の模式図．a：一次菌糸，b：二次菌糸，c〜h：二次菌糸の成長のありさま，i〜t：担子胞子の形成，i：菌糸先端の2核，i〜m：最後の成長，n：2核の融合，o〜q：減数分裂，r〜s：担子胞子形成，t：胞子の散布（木村より）

形成し，これが発芽すると菌糸となり，複雑な過程を経て子実体（キノコ）をつくる．担子菌類は菌類中でもっとも進化したグループで，約1万5000種ほどが知られている．

### 3・5・2 地 衣 類

地衣類は菌類と藻類の共生による共同体でありながら，2つの結びつきが強いために独立の生物のようにみえる．ほとんどの場合，特定の子のう菌1種と藻類1種の組合せによって地衣類1種がつくられている．藻類はおもに緑藻で，シアノバクテリアのこともあるが，地衣類のおもな特徴を決めているのは菌類の側であるのがふつうである．サルオガセ，ウメノキゴケなどがその例である．

## 3・6 植 物 界

植物界を構成するのは，**コケ植物**，**シダ植物**および**種子植物**である．これらは緑藻類の一種が陸上生活に適応した結果生じた生物群と考えられるが，色々な証拠から見て，これらのグループが最初に直面した難問は水分の維持と補給であったろうことは間違いない．

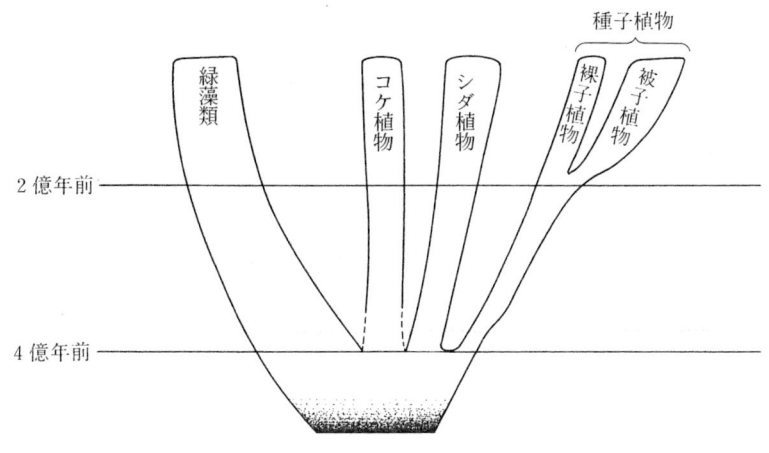

図 3・12　植物の系統的つながり

### 3・6・1 シダ植物

シダ植物のふつうにみられる植物体は複相の胞子体にあたるもので，根，茎，葉が分化し，維管束が発達している．このため種子植物とあわせて「**維管束植物**」とよばれる．胞子が発芽して生じた配偶体は単相で，前葉体とよばれ，胞子体とは独立の有性世代である．シダ植物は，水分を運ぶ通道組織や維管束の発達によって大型化が可能になり，デボン紀には大きなシダ類の繁茂によって森林が形成された．しかし，シダ植物はコケ植物と同様に，前葉体（配偶体）上での精子の運動に水滴が不可欠であることからみて，水の制約からまだ逃れられていない．このために，その後の気候の変動に伴って，優位を後発の種子植物にゆずることになったのだと考えられる．現生のシダ植物は約1万種だが，多くの絶滅種も知られている．

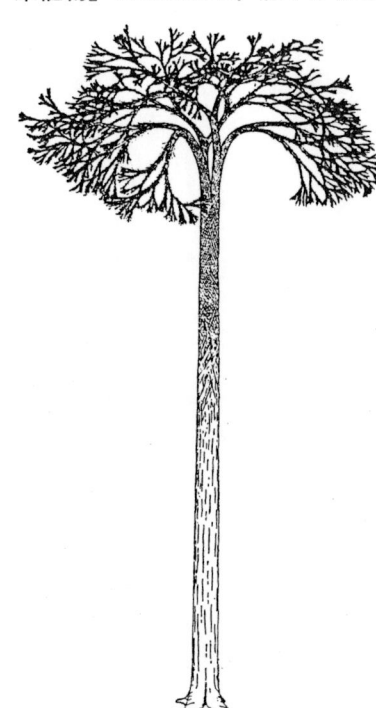

**図3・13 ヒカゲノカズラ．** 石炭紀に繁栄し，約8 m あった（Eggert より）

### 3・6・2 コケ植物

ふつうにみられるコケ植物の植物体は単相の配偶体であり，複相の胞子体は配偶体の上に半寄生状態で形成される．このような有性生殖による胞子形成以外に，配偶体の一部から新個体が再生するような無性生殖もしばしばみられる．コケ植物の現生種は2万3000ほどで，蘚綱（スギゴケなど），苔綱（ゼニゴケなど）およびツノゴケ綱に分けられる．中では，蘚綱がもっとも進化したグループである．

植物体のつくりをみると，未発達の維管束など，コケ植物の

**図3・14 スギゴケ（雌株）**

3・6 植物界

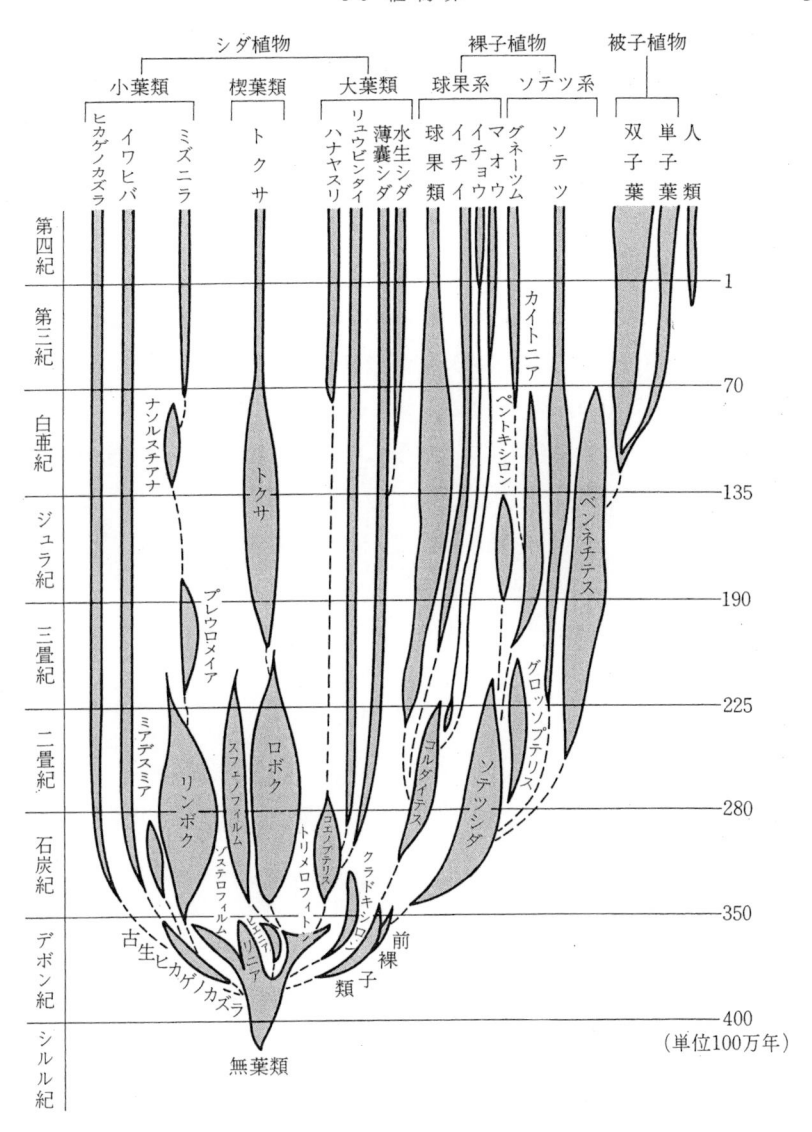

図3・15 維管束植物の系統（西田より）

方がシダ植物よりも原始的だが，化石の証拠からはシダ植物の方が早く出現したことが示唆されており，分子進化学のデータも，コケ植物はシダ植物の退行進化によって生じたとする説を支持している．

### 3・6・3 種子植物

生活環のどこかで種子を形成する植物を一括して種子植物という．花をつける植物という意味で顕花植物とよばれることもある．ふつうにみられる植物体は複相の胞子体であり，花粉と胚のうのみが単相の配偶体である．胞子体では維管束がよく発達し，根，茎，葉の分化が著しい．有性世代（配偶体）は極端に退化し，無性世代（胞子体）に寄生した形になっている．

種子植物は大きく「**裸子植物**」と「**被子植物**」に分けられるが，前者は胚のうを入れた胚珠が大胞子葉の上に裸出していることがそのよび名の由来である．また，裸子植物は大部分の種が樹木で，木部に道管がなく，仮道管がある点などが被子植物とのおもな違いである．

裸子植物はさらにソテツ植物（約90種），イチョウ植物（1種のみ），球果植物（マツ，スギ，ヒノキなど約140種）およびグネツム植物（約70種）に分類される．

種子植物の中では，イチョウとソテツの仲間だけが例外的に精子をつくる．シダに似た複葉をもつなど，ソテツ植物にはシダ植物からの進化の形跡がうかがえる．

被子植物は植物の中でもっとも発達した一群で，現生の種子植物，約23万種の圧倒的多数がこれに含まれる．胚珠が心皮でつつまれたもの，つまり雌しべをもつ植物で，種子は果実の中にある．**双子葉類**（約17万種）と，それに由来したと思われる**単子葉類**（約6万種）とに分類される．胚に生ずる子葉の数がこれらのよび名の由来である．

### 3・7 動物界

ここに分類されるのは多細胞からなる動物群で，単細胞の原生動物に対して**後生動物**とよばれる．後生動物は発生の始まりにおいてのみ単細胞である．

## 3・7・1 後生動物の起源

後生動物の起源を単細胞の原生動物に求めることには異論はないが，従来は，多核の繊毛虫類の細胞に区画化が起こり，多細胞になったという説と，鞭毛虫類が群体化することで多細胞になったという説とが対立していた。しかし，最近の分子進化学の結果は明らかに鞭毛虫類と原始的な後生動物の間に高い類縁性のあることを示しており，この論争にはピリオドが打たれた。現在の説では，襟鞭毛虫が群体化して，まず発生過程の胞胚期に相当するような体制

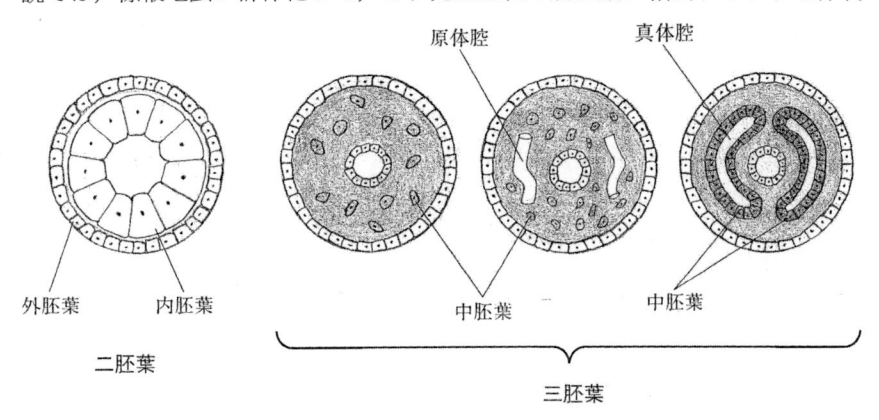

図3・16 二胚葉動物と三胚葉動物の横断模式図

の動物ができたと想定し，それから最初に生じた原始的な後生動物は，内外2つの胚葉だけからなる二胚葉性の動物群であったと考えられている。

なお，構成細胞数が極端に少なく，体制が単純であることから，従来，原生動物と後生動物の中間に位置すると考えられていたニハイチュウなどの「中生動物」は，最近の分子系統学的解析によって，複雑な構造を二次的に失った動物群であることがほぼ明らかとなった。

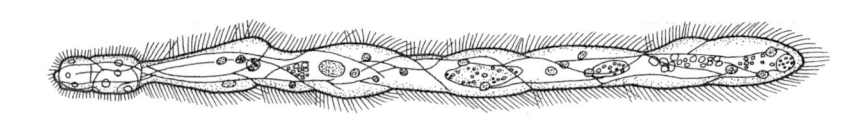

図3・17 ニハイチュウ

### 3・7・2 海綿動物

　海綿動物は組織化された細胞の集団からなる二胚葉性の後生動物で，消化を行う内腔の壁が，鞭毛をもった襟細胞でできている．襟細胞は形態が襟鞭毛虫に似ているばかりでなく，各細胞が独立に食物を捕らえて消化を行うことができる．このことから，海綿動物は原生動物の群体化によって生じたとされる，原始的な後生動物の要件をよく充たしている．海綿動物は，かつては他の後生動物とは類縁度が低いとみなされ，「側生動物」とよばれていたが，最近の分子系統学的解析から，そのことは否定され，他の後生動物と単一の系統群をなすことが示されている．

### 3・7・3 放射相称動物

　海綿動物以外の後生動物の胚が発生するときには，必ず原腸胚とよばれる形態の時期を経過する．腔腸動物はいわばこの時期で発生が止まってしまったような体制をもつ動物群である．したがって，体制は内胚葉と外胚葉だけからなる二胚葉性で，一種のつぼを連想させる．イソギンチャクやクラゲの類がこれに含まれるが，クシクラゲ類には一般の腔腸動物と違って中胚葉細胞の分離がみられるため，独立に有櫛動物として扱われることが多い．この場合，その他の動物群は刺胞動物とされることもある．体制的には，これ以降の動物が左右相称であるのに対して，放射相称動物とよばれる．

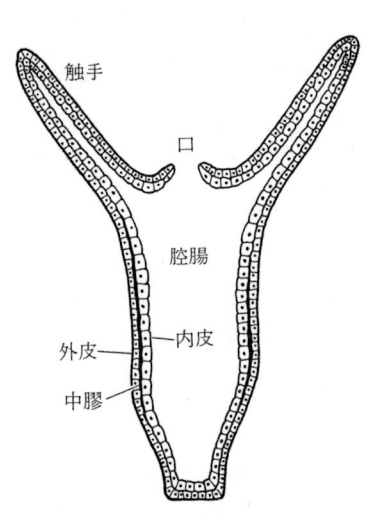

図 3・18　ポリプの基本構造

### 3・7・4 原体腔類

　原腸胚の段階からさらに発生を進める動物群は，腔腸動物の祖先を起点として進化したものと考えられ，中胚葉が外胚葉と内胚葉の間に発達し，より複雑な三胚葉性の体制をもつようになる．それらの動物の中でも，扁形動物（プラ

ナリア，ヒラムシなど）や紐形動物（ヒモムシ）では，消化管が完全には体を貫通していない．また，これらは線形動物（センチュウ，カイチュウ）や輪形動物（ワムシ）とともに，その体腔は**原体腔**とよばれ，発生初期の胞胚の割腔（胞胚腔）に直接由来している．これらの点で，上記の4グループは原始的体制を残しているとみなされ，これ以降の動物を真体腔類とよぶのに対して，原体腔類という．線形動物と輪形動物は合わせて1門として，袋形動物とよばれることが多い．

### 3・7・5 真体腔類

真体腔類は中胚葉のでき方によって，大きく2つのグループに分けられる．1つは原腸胚の端に形成される中胚葉母細胞（端細胞，原中層細胞）が増殖して，消化管の周囲に中胚葉の細胞の固まりをつくるグループで，**端細胞幹**（または原中層細胞幹）とよばれる．もう1つのグループは，原腸の先端近くの壁から突起ができ，この部分をもとにして中胚葉をつくるもので，**原腸体腔幹**とよばれる．端細胞幹に属するおもな動物群は軟体動物門（二枚貝，タコ，

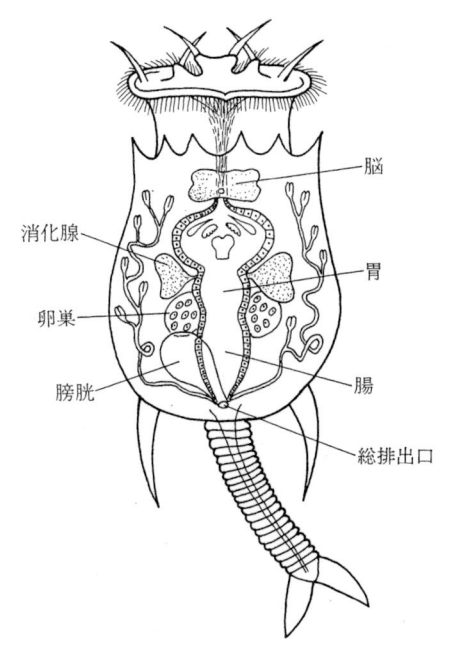

図3・19　ワムシ（雌）の体制

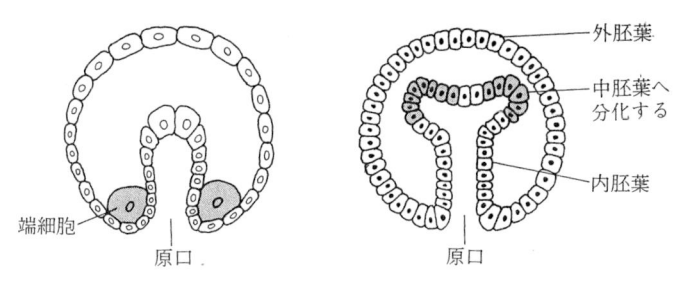

図3・20　中胚葉のでき方．左：端細胞幹の動物，右：原腸体腔幹の動物

ナメクジなど)，環形動物門（ミミズ，ゴカイなど）および節足動物門（昆虫類，甲殻類，クモ，ムカデなど）である．原腸体腔幹に属するのは，触手動物門（シャミセンガイ，コケムシ，ホウキムシなど），毛顎動物門（ヤムシ），棘皮動物門（ウニ，ヒトデなど），半索動物門（ギボシムシなど），原索動物門（ナメクジウオ，ホヤなど）および脊椎動物門である．

　端細胞幹の動物は，原腸胚における原口が将来そのまま口になる関係で「**旧口動物（前口動物）**」とよばれる．原腸体腔幹に属しているが，触手動物は例外的に旧口動物である．一方，触手動物以外の原腸体腔幹の動物では，原腸の先端が接したところに口が開き，原口はそのまま肛門になるか，あるいは一度閉じて，その近くに肛門が開口する．これらは「**新口動物（後口動物）**」といわれる．先に述べた原体腔類は，この意味では旧口動物に属している．

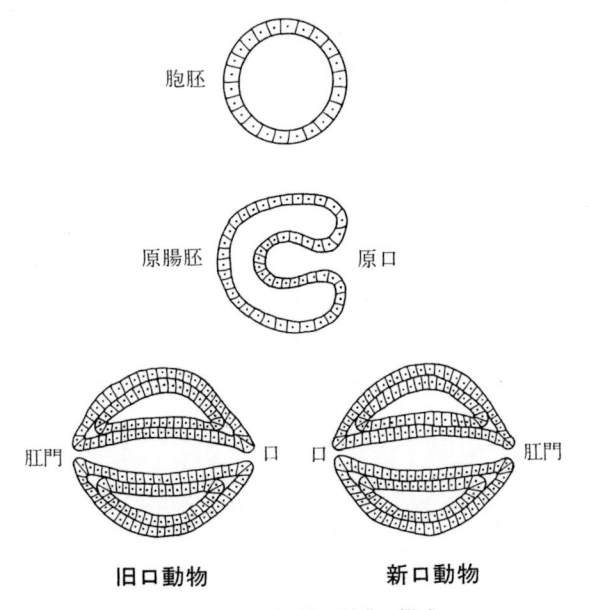

図 3・21　口と肛門の形成の様式

　このように体腔をもつ動物を大きく2つの系統に分ける考え方は多くの人々に支持されている．しかし，後生動物，とくに体腔動物は進化的には，比較的短時間に一斉に出現したらしく，化石を調べても系統についての決定的証拠は

## 3·7 動物界

得られない．2つの系統といっても，まず2本の太い枝が分かれてから小枝を生じたというよりは，何本かの小枝が左右に分かれて群生したようなありさまを思い浮かべた方がよさそうである．

これまでに知られている現生の後生動物は約130万種であるが，そのうちおもな門に含まれる種数はほぼ次のとおりである．脊椎動物：4万5000；原索動物：1700；棘皮動物：6000；節足動物：105万；軟体動物：11万；扁形動物：

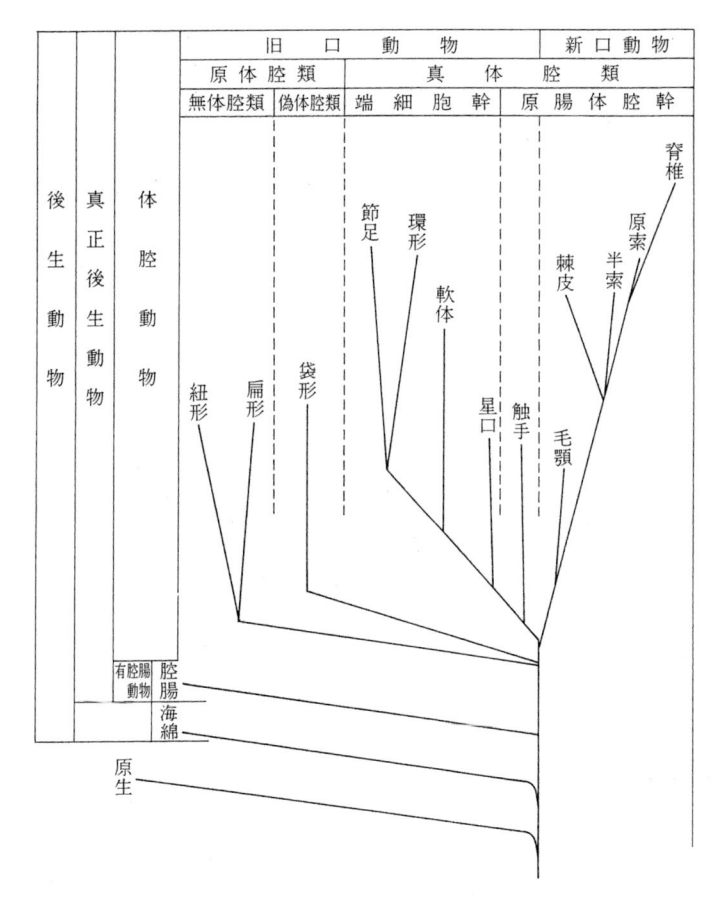

図3·22 後生動物のおもな門の系統

1万5000；袋形動物：3万；腔腸動物：1万；海綿動物5000．

## 3·8 非細胞性増殖単位

生物の増殖単位は遺伝子をもった細胞であるが，自然界には細胞の形をもたない増殖単位も存在する．それらはいずれも細胞に寄生し，その遺伝子複製系を利用しなければ増殖できない．このため，非細胞性増殖単位は原始的な生命形態なのではなく，むしろ細胞の進化に伴って二次的に出現したものと考えられる．

### 3·8·1 ウイルス

ウイルスはDNAまたはRNAからなる遺伝子が，おもに数種類のタンパク質でできた殻を被った構造をしている．大部分は直径にして通常の細菌の100分の1から5分の1の大きさで，種類によって感染する細胞のタイプが異なるのがふつうである．動植物にさまざまの病変をもたらし，中には発がんの原因となるものもある．細菌に感染するウイルスはとくに**バクテリオファージ**（あ

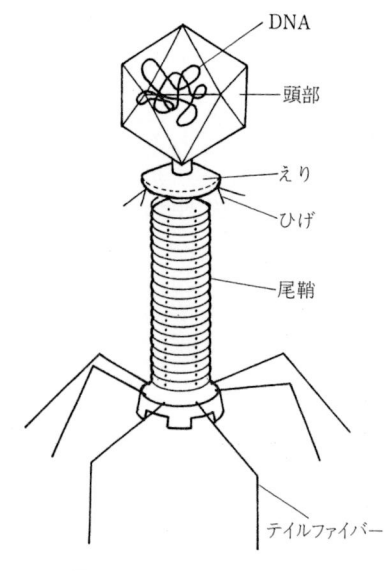

図3·23　バクテリオファージ

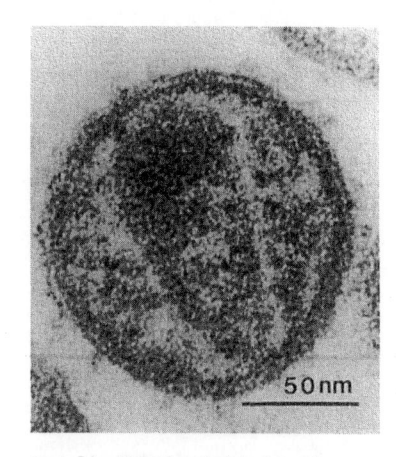

図3·24　HIV（エイズウイルス）
（電子顕微鏡写真，中井益代氏提供）

るいは，ファージ）とよばれる．

### 3・8・2 プラスミド

プラスミドはふつう環状2本鎖の短い裸のDNAで，その中に増殖調節構造をもち，薬剤耐性遺伝子などを含んでいる．細胞のもつ酵素を使って複製するが，多くのウイルスとは違って，細胞内におけるプラスミドのコピー数は一定に抑えられ，細胞を破壊することはない．細菌に感染するものがよく知られているが，真核細胞に感染するものもある．目的に応じて人工的に構造を変えることが容易なので，ウイルスとともに遺伝子操作のベクター（運び手）としてよく利用される．

### 3・8・3 ウイロイド

ウイロイドは分子量10万ほどの裸の1本鎖RNAで，植物とくに農作物の病原体の一種である．その由来に関しては，原始的か，または退化したRNAウイルスであるという説と，もともとは感染相手の植物細胞のRNAの断片から生じたという説がある．


## まとめの問題

1. 系統樹と実際の木とは，どこが似ておりどこが違っているか．
2. 生物の分類単位の名称を大きい方から順にのべよ．
3. 真正細菌，古細菌，および真核生物の間の関係をまとめてみよ．
4. 原核生物と真核生物のもっとも基本的違いは何か．
5. 真正細菌には未知の種が多数残されていると思われるが，そう推測される根拠は何か．
6. 「古細菌」という名称の由来は何か．
7. 菌類が共通にもつ特徴は何か．
8. 植物界に共通する，もっとも大きな特徴は何か．
9. 植物界を大きく3つに分けるとすれば，それらはおのおのどのような特徴をもつ植物か．
10. 原生動物との関係で，後生動物の進化的起源を説明せよ．

11. 腔腸動物，原体腔類，真体腔類の体制の違いについて説明せよ．
12. 真体腔類の2大系統について説明せよ．
13. 現生の非細胞性増殖単位が原始的な生命形態ではないと考えられる理由は何か．

# 4 生物のつくり

　生物はそれぞれに固有の形をもっている．生物の形をつくっている基本単位は細胞で，多細胞生物では，同じ種類の細胞が多数集まって組織をつくっている．いくつかの組織が集まって器官あるいは組織系が形成され，複数の器官や組織系が一定の秩序の下に協同して構成しているのが動物の個体や1個の植物体である．

## 4・1　細胞の構造

　1665年に，ロバート・フックは自らの発明した倍率約30倍の顕微鏡でコルクの切片を観察し，それが無数の小室からできていると記述した．これが英語のcell（細胞）の語源である．しかし，細胞が生物の基本単位であることが気づかれるまでには，それからさらに200年近くを要した．1838年にシュライデンが植物は細胞の集合体であるという説を述べ，その翌年にはシュヴァンがそれを一般の生物に拡張し，**細胞説**を提唱した．

　それ以来，細胞に関する多くの観察が行われた結果，1890年代までには現在の細胞説の基礎ができあがった．すなわち，すべての生物は細胞によって構成されていること，細胞はもとからあった細胞の分裂によって生ずること，細胞の遺伝的性質は核によって支配されていることが明らかになった．今世紀半ば以降になると，電子顕微鏡による細胞の微細構造の観察や，細胞の構造と機能の関連が明らかにされるようになった．

### 4・1・1　細胞の形態

　一口に細胞といっても，そのかたちや大きさは生物の種や組織・器官によって非常に異なる．単細胞生物においても，球形，卵形，線状，らせん状，不定形，さらに鞭毛や繊毛をもつものなどさまざまである．多細胞生物の細胞で

4. 生物のつくり

ニワトリの卵細胞 35 mm — 30 mm

メダカの卵細胞 1.3 mm

ワタの毛細胞 50 mm

1000 μm

ゾウリムシ 70×230 μm

ヒトの神経細胞 30〜35 μm

ヤコウチュウ 500 μm

10 μm

ヒトの精子

クロレラ 5〜10 μm

酵母菌 4×5 μm

大腸菌

1 μm

マイコプラズマ (100〜900 nm)

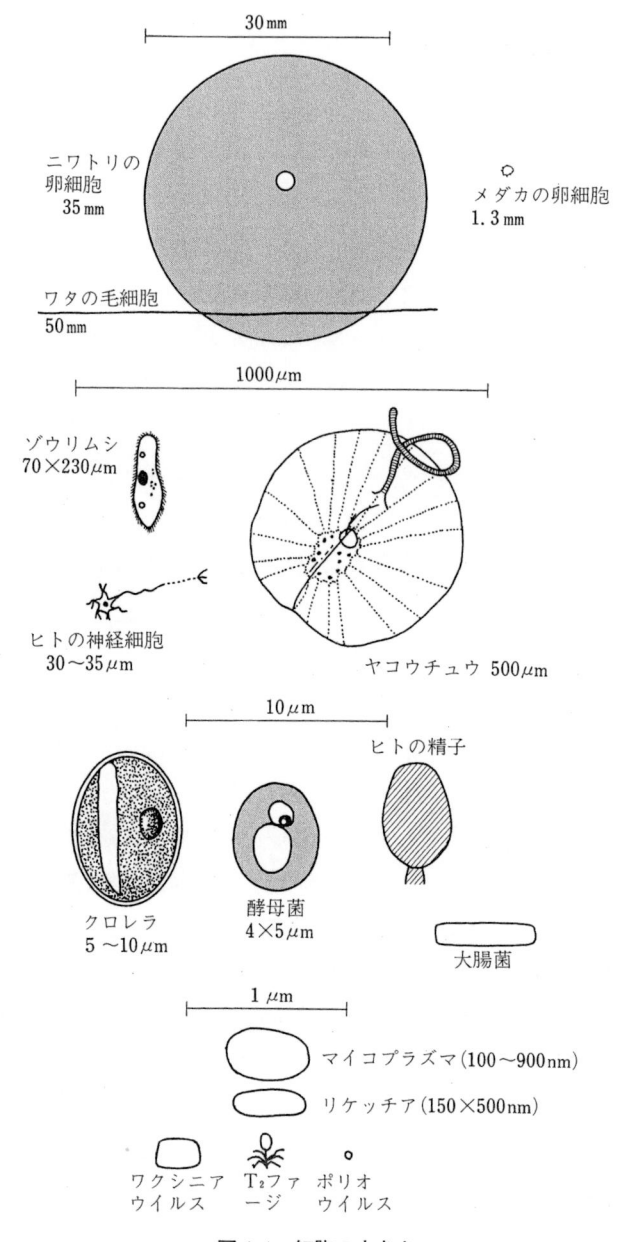

リケッチア (150×500 nm)

ワクシニアウイルス　$T_2$ファージ　ポリオウイルス

図 4・1　細胞の大きさ

4·1 細胞の構造　　　65

は，筋肉細胞や神経細胞のように，機能の分化に応じて特殊な形をもつものもある．

　もっとも小さい細胞は細菌のマイコプラズマで，直径が 1 μm の数分の 1 で

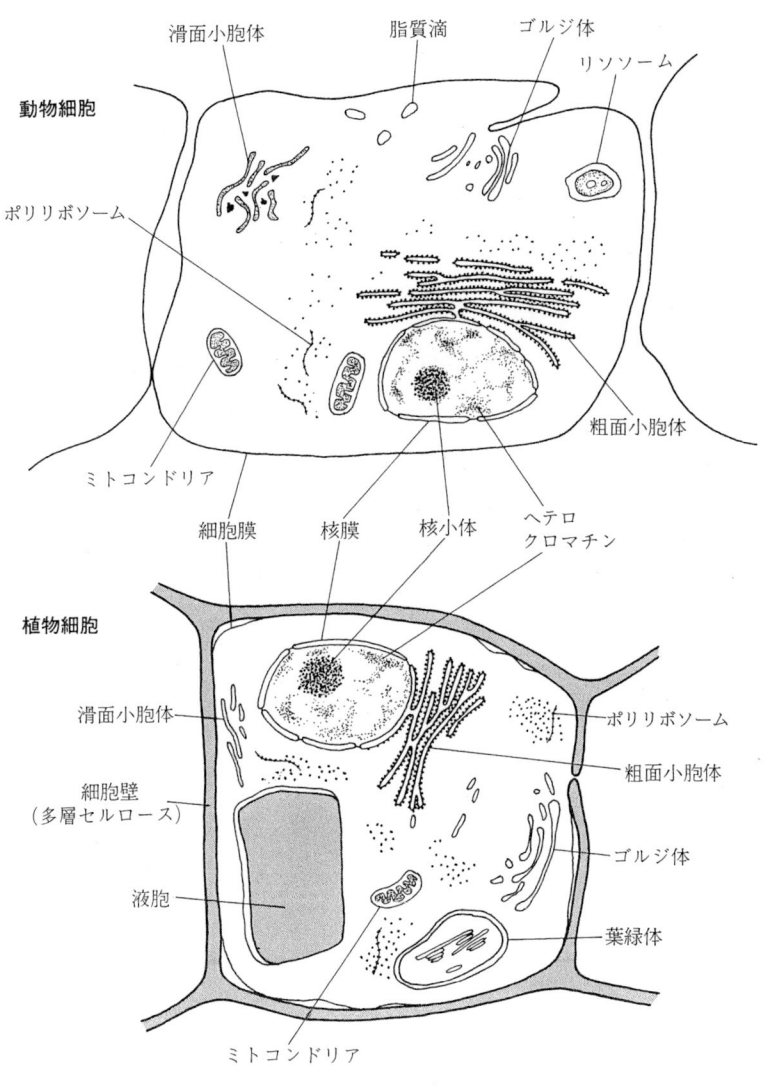

図 4·2　動物と植物の細胞

ある．ふつうの細菌の直径は約 3 μm 程度までである．哺乳類や植物分裂組織の細胞の直径は平均 20 μm である．大きい細胞では，哺乳類の卵が 0.14 mm，ダチョウの卵は 80 mm ある．また，神経細胞のように，その突起（軸索）が 1 m 近くに達するものもある．

### 4・1・2 細胞の内部構造

細胞において生命現象のいとなまれている部分は**原形質**とよばれる．原核細胞では遺伝物質が核様体として原形質内に局在しているだけだが，真核細胞では遺伝物質の存在する部分が核膜によって明確に区画され，原形質は**核**と**細胞質**に分けられている．

原形質を直接とり囲む膜を細胞膜（原形質膜）といい，細胞の種類によっては，その外側に細胞壁が存在する．真核細胞の細胞質にはさまざまな構造（細胞小器官）が発達しているが，原核細胞の原形質には，ふつうリボソームが多数存在する以外に目立った構造はない．原形質の働きの結果生じた細胞構造は**後形質**とよばれ，植物細胞の細胞壁などがこれにあたる．

### 4・1・3 細 胞 膜（原形質膜）

原形質を外界から隔てているのは細胞膜である．細胞膜はその一方で，生物が生存し，増殖するのに不可欠な，外界との物質授受の仲介役でもある．つまり，細胞膜は物質を選択的に透過させることにより，細胞内にすでに高濃度にある物質でも，外界との濃度勾配に抗して，これを積極的にとり入れる働きをする．また，さらに分子や固形物質に対しては，これらを包み込んで細胞内外へ出し入れするエキソサイトーシス，エンドサイトーシス

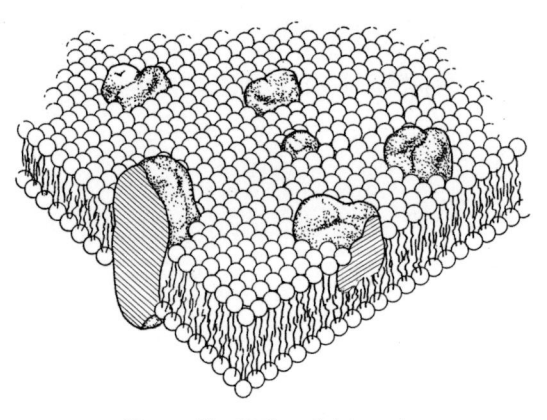

図 4・3 膜の流動モザイクモデル
(Singer, Nicolson より)

も細胞膜の働きの1つである．

　細胞膜の機能や構造，化学的組成などを考慮して提唱されたのが**流動モザイクモデル**である．これによると，細胞膜は脂質の二重層を主成分とする流動的な構造をもち，ところどころにタンパク質が脂質層の一部または全体を貫通しながらただよっている．真核細胞の内部の膜（内膜）も同様の構造をもつと考えられている．

### 4・1・4 小胞体

　真核細胞を電子顕微鏡で観察すると，細胞質の広い範囲をおおって，薄い袋を積み重ねたような内膜の構造がみえる．これは小胞体（エンドプラズミック・レティキュラム，ER）とよばれる構造である．植物細胞の細胞質に広がる**液胞**も小胞体に由来している．

　膜表面に多数のリボソームを付着させた小胞体は**粗面小胞体**とよばれ，それらのリボソームで合成されるのは，細胞外へ分泌されるタンパク質や特定の細胞小器官に局在するタンパク質などである．合成されたタンパク質は膜を通過して小胞体内部に入り，やがてゴルジ体に移行する．肝細胞，インスリンを合成するすい臓の細胞，消化酵素を生産する細胞などで，とくに粗面小胞体の発達が著しい．リボソームの付着していない小胞体は**滑面小胞体**とよばれ，ここにはステロイドホルモンの生成や膜の脂質の生成に関する酵素系などが局在する．

　小胞体は分化の進んだ細胞，つまり細胞特有の機能が発達した細胞に豊富に

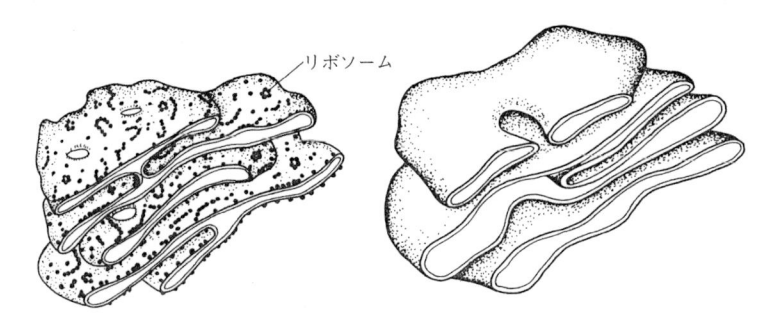

図4・4　小胞体．左：粗面小胞体，右：滑面小胞体（村上より）

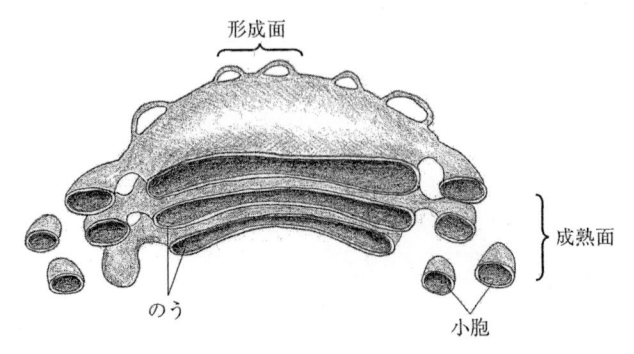

図4·5 ゴルジ体

みられ，逆に卵や胚の細胞には相対的に少ない．

### 4·1·5 ゴルジ体

電子顕微鏡でみると，膜でできた扁平な袋がいくつかぴったりと重なり合っているのがゴルジ体で，袋の端は長くのびて細胞膜近くまで達したり，他のゴルジ体と連絡したりしている．ゴルジ体のおもな機能はタンパク質の分泌である．粗面小胞体から移行してきたタンパク質はここで濃縮され，多糖類などが付加され，ゴルジ体のちぎれてできた小胞に包み込まれる．これらの小胞は細胞運動によって細胞の表層へ移動し，小胞の膜が細胞膜と融合すること（エキソサイトーシス）によって内容物が細胞外の血中などへ分泌される．タンパク質性ホルモンや消化酵素は，このような方法で細胞外へ分泌される．

### 4·1·6 リソソーム

リソソームはゴルジ体から形成される球形の特殊な小胞で，細胞質に広く分布している．リソソームの中にはタンパク質，炭水化物，脂質，核酸など有機物を分解する酵素が含まれている．食作用（エンドサイトーシス）によって細胞内へとり込まれた高分子物質は膜に包まれて食胞となるが，これがリソソーム（一次リソソーム）と融合して二次リソソームとなり，その中でとり込まれた物質の**消化**が起こる．リソソームの膜が破れて中の酵素が細胞質へもれ出すことは細胞にとってきわめて有害だが，オタマジャクシの変態のさいの尾部の吸収の場合のように，この現象が正常な生命活動の過程で積極的な意味をもつ

例もある．

### 4・1・7 ミトコンドリア

ミトコンドリアは，光学顕微鏡でも観察できる大型の細胞小器官である．棒状のものが多いが，球形などさまざまな形態をとる．肝臓の細胞には約1000個，高等植物の細胞には約100個程度のミトコンドリアが含まれている．ミトコンドリアは内外2層の膜からなる構造をもち，外膜はなめらかに全体を包んでいるが，内膜は長軸と直角に内部に向かって陥入し，**クリステ**とよばれるひだ状の構造を形成している．クリステを隔てる内部の空間は**マトリックス**とよばれる．

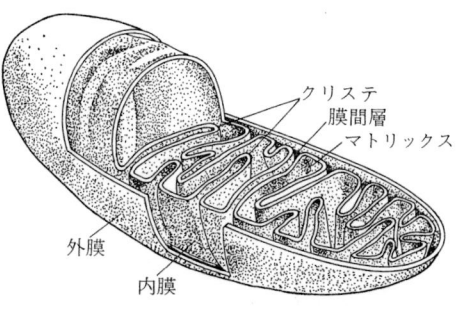

図4・6 ミトコンドリアの構造
(Wolfe より)

ミトコンドリアは酸素を利用して細胞に必要なエネルギーを供給する重要な細胞小器官で，その意味で細胞内の「発電所」といわれる．このような機能に関わっているのは，おもにマトリックスにある酵素と，クリステの表面にあるタンパク質である．

### 4・1・8 葉 緑 体

葉緑体は大型の，通常凸レンズ型の細胞小器官で，緑色植物の細胞中に平均数十～数百個含まれている．葉緑体は内外2層の包膜に包まれ，その内部は**チラコイド**とよばれる膜構造と可溶性物質を含む**ストロマ**からなっている．チラコイド膜は部分的に円盤を数枚重ねたような**グラナ**をつくっている．

葉緑体は光エネルギーを化学エネルギーに変え，水と二酸化炭素から炭水化物を合成し，酸素を発生するという光合成の場である．これらの反応のうち，エネルギーの転換はチラコイド膜で，炭水化物の合成はストロマに存在する酵素によって行われる．

葉緑体は，一般に色素体（プラスチド）とよばれる細胞小器官の1つのタイプである．色素としてクロロフィルとカロテノイドを含む色素体を葉緑体とよ

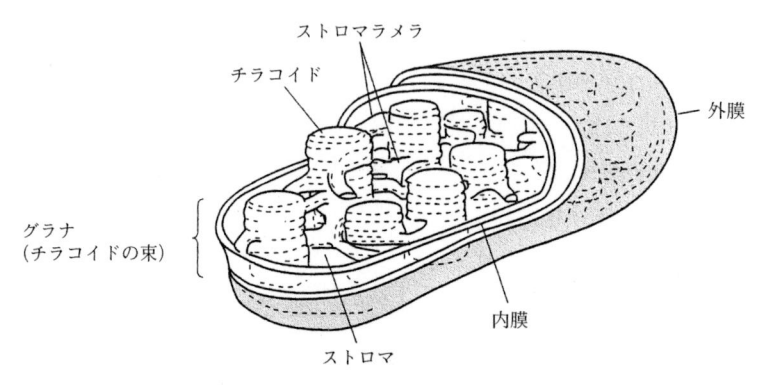

図4・7　葉緑体の構造

ぶのに対し，カロテノイドだけを含む色素体，色素を含まない色素体をそれぞれ有色体および白色体とよぶ．

### 4・1・9　リボソーム

これまで述べた細胞小器官はいずれも真核細胞に特有の内膜に包まれた構造体であるが，リボソームは膜に包まれておらず，すべてのタイプの細胞に普遍的に存在する．リボソームは直径 10～15 nm（1 nm＝$10^{-9}$m）の非常に小さい顆粒で，おのおの RNA 50～60％，タンパク質 40～50％からなる，大小2つのサブユニットで構成されている．リボソームは遺伝情報に基づいてタンパク質を合成する役目をになっているために，細胞質内に多数存在し，細胞あたり数百万に達する場合もある．粗面小胞体を構成しているものと遊離状態のリボソームとでは，合成するタンパク質のタイプが異なる．

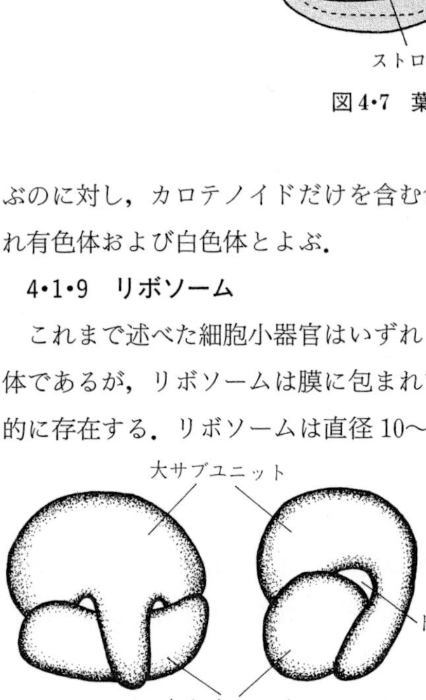

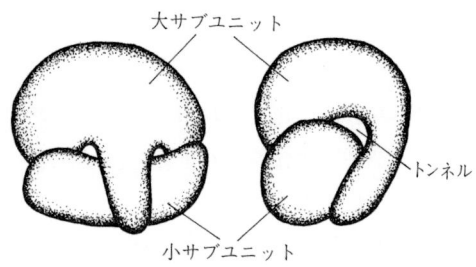

図4・8　リボソーム．2つの面からみた模式図

細菌のリボソームは真核細胞のものより小型である．また，真核細胞では，細胞質ばかりでなくミトコンドリアや葉緑体にも独自のリボソームが存在するが，これらも小型で，性質も細菌のものに似ている．

### 4·1·10 微小管・微小繊維

真核細胞の細胞質中には，直径約 25 nm の中空で分枝のない，微小管とよばれる長い小管が多数みられる．細胞分裂のさいに染色体を 2 つの細胞へ分配する装置の紡錘糸，神経細胞の軸索，精子の鞭毛など，細胞の運動が行われるところには微小管が広く存在する．真核細胞の波動毛は共通に軸糸とよばれる構造をもっている．これは，中心部分には 2 本の微小管（中心小管）があり，これをとり囲んで周辺に 9 対のダブレット微小管が配列された，いわゆる 9 + 2 構造をしている．

図 4·9 鞭毛の断面図

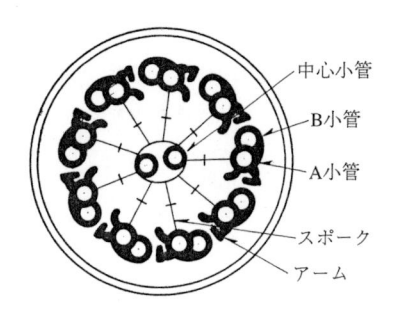

図 4·10 微小繊維

運動性の細胞中には微小管とは別に，それよりはるかに細く，直径 5～8 nm の中実の微小繊維（ミクロフィラメント）が発達している．これは細胞の形の保持や運動に関与する構造で，骨格筋を構成する細い繊維同様，**アクチン**とよばれるタンパク質でできている．

### 4·1·11 細 胞 核

核はふつう細胞 1 個あたり 1 個存在するが，哺乳類の赤血球のように退化してしまったり，2 個以上の核を含む多核の細胞もある．核は直径数 $\mu$m から十数 $\mu$m の球形か楕円体状のものが多いが，特殊に分化した細胞や病的な細胞では，糸状，樹枝状などさまざまな形になることもある．電子顕微鏡によると，核には**核膜**，ヘテロクロマチン（異質染色質），**核小体**および核質を観察することができる．

核膜は厚さが 8 nm の内外 2 層の膜と，それらにはさまれた厚さ 25 nm ぐら

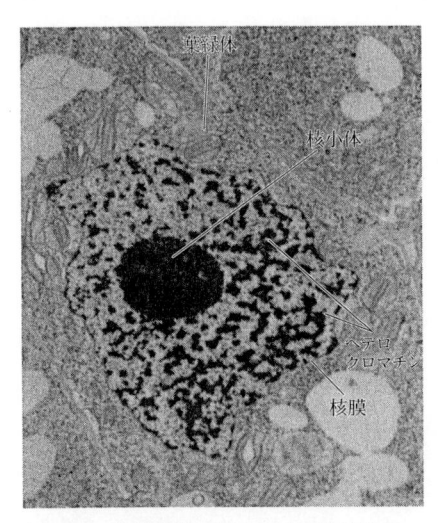

**図4・11** 植物細胞の核（電子顕微鏡写真，箸本春樹氏提供）

いの中間層からなる．核膜のところどころには直径 70〜150 nm の核孔があいており，ここを通じて核と細胞質の間の高分子物質のやりとりが行われる．細胞分裂のさいには，核膜は一時的に消失するが，やがて小胞体の小片から再生される．

核小体は直径 2〜5 μm の限界膜のない，やや電子密度の高い構造として，核内に 1〜数個存在する．核小体はリボソーム RNA を合成するとともに，それとタンパク質を結合させてリボソームを生産する場である．

ヘテロクロマチンは塩基性色素でよく染まる，電子密度の高い顆粒の集合した場所である．DNA とヒストンの複合体を主成分とし，これに少量の非ヒストンタンパク質と RNA が加わって構成されている．この部分では DNA がタンパク質と密な複合体を形成して凝縮しているため，遺伝子としての働きは抑えられている．遺伝子として活発に働いている DNA は，核質の明るい（電子密度の低い）部分にほぐれて存在する．この部分は**ユークロマチン**（真正染色質）とよばれる．細胞分裂のさいにはユークロマチンも凝縮し，糸状の染色糸を経て，棒状の染色体の形に集合する．

核の主要な機能は，細胞の遺伝的設計図である DNA を複製し，それを娘細胞へ伝えることと，その設計図を転写したものを細胞質へ送ることによって設計を具体化しつつ，細胞の活動を統一的に制御することである．

## 4・2 細胞分裂

細胞分裂とは，1 個の母細胞が 2 個の娘細胞へ分かれることである．細菌や単細胞真核生物では，細胞分裂自体が個体の増殖を意味する．多細胞生物で

は，1個の細胞が分裂をくり返して数を殖やすとともに，異なる働きをする細胞をつくってゆき，複雑な体制をもった個体を形成する．また，古くなった細胞が，分裂によってたえず新しい細胞と交代することも行われている．

原核細胞の分裂は形のうえでは簡単で，DNAの複製によって核様体が2つになると，表面からの膜の陥入により，これらが2つの細胞へと分割される．真核細胞の分裂は**有糸分裂**とよばれ，一定の様式による核分裂と，これに付随して起こる細胞質分裂とからなる．有糸分裂には通常の体細胞分裂のほかに，生殖細胞が形成されるさいの減数分裂があるが，後者については7・2で述べることにする．

### 4・2・1 細胞周期

分裂をくり返して細胞が増殖してゆくためには，各分裂に先立って，娘細胞へ分配するDNAを合成しておく必要があるし，分裂に必要なタンパク質なども合成しておかなければならない．これら一連のできごとの後で分裂が起こり，また同じことがくり返される．このような分裂に関わる周期のことを細胞周期という．細胞周期のうち，実際に分裂する時期のことを**M期**，DNA合成期のことを**S期**という．M期の後S期の前を$G_1$期，S期の後M期までを$G_2$期という．遺伝情報の発現は主として$G_1$期に，また，直接分裂に使われる紡錘体物質の合成などは$G_2$期に行われる．分化の著しい細胞では$G_1$期が非常に長く，細胞分裂の間隔が極端に長くなるが，このような状態は細胞周期から外れた$G_0$期とよばれる．M期を**分裂期**とよぶのに対して，それ以外の時期

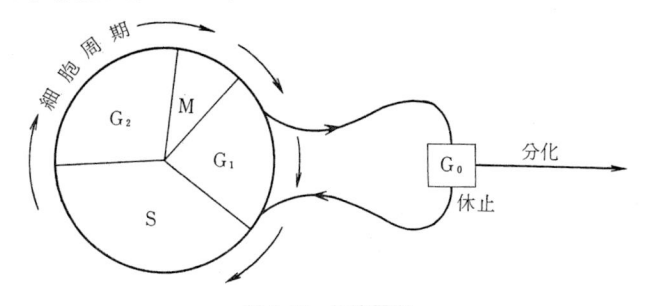

図4・12 細胞周期

を合わせて**間期**ということもある．

### 4・2・2 核分裂

有糸分裂は連続的に起こる**クロマチン**(染色質)の一連の変化であり，ふつう前期，前中期，中期，後期および終期に分けて考えられる．**前期**には，核内に分散していた染色質が一定数の糸状の染色糸へと編成され，しだいに太く，短くなって染色体の形に近づく．染色質の主成分であるDNAは分裂期に入る前に複製によって倍加しているので，前期の染色糸は二重構造をしている．二重構造のおのおのは**染色分体**とよばれ，**動原体**の部分でたがいに結合されている．

**前中期**になると核膜が消失し，核小体もみえなくなる．また，細胞の両極の紡錘体から微小管でできた紡錘糸が生じ，一部が動原体に結合して伸縮するこ

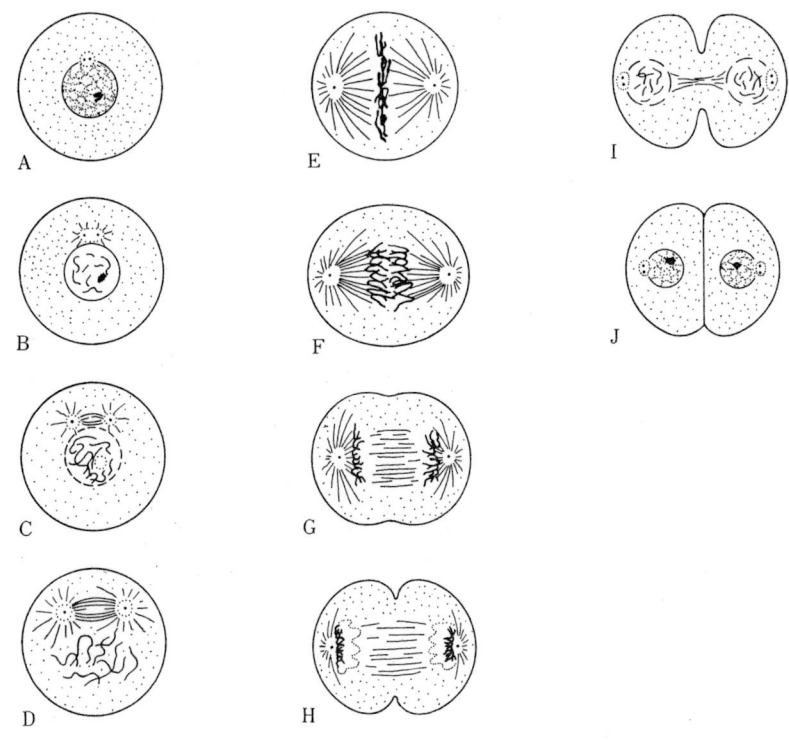

図4・13 体細胞分裂の過程．A：間期，B, C：前期，D：前中期，E：中期，F〜H：後期，I：終期，J：娘細胞

とにより，各染色体は両極の紡錘体から等距離にある赤道面へ移行する．この時期が**中期**である．

やがて，各染色分体はそれぞれ娘染色体となり，紡錘糸の収縮作用により，両極の紡錘体の方向へたがいに分かれて移動する．この移動の時期が**後期**である．染色体は細胞の両極へ到達すると膨潤し，染色糸となって分散する．その後，間もなく核膜と核小体が出現し，核が分裂前の状態になるまでの時期を**終期**という．

### 4・2・3 細胞質分裂

細胞質分裂は分裂終期になると始まる．多くの後生動物では赤道面が細胞表面と交わる位置から分裂溝ができ，これが細胞内部へ向かって進行することによって細胞質が二分され，2つの娘細胞が形成される．分裂溝は，細胞内の微小繊維の束が収縮することによって形成される．

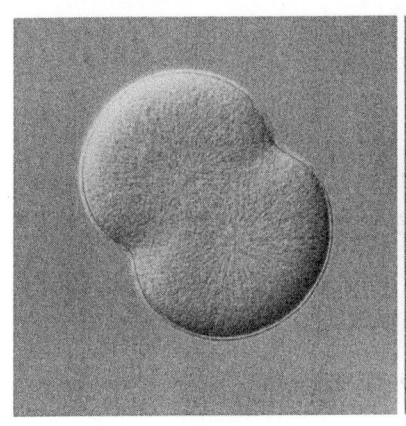

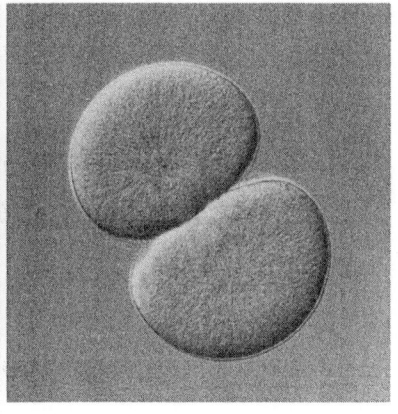

**図4・14** 細胞質分裂の初まり（左）と終わり（右）．ウニ（タコノマクラ）の第一卵割（微分干渉顕微鏡写真，馬渕一誠氏提供）

植物細胞には，表面にかたい細胞壁がある関係で分裂溝は形成されない．分裂終期に染色体の移動が終わる頃になると，紡錘体の赤道面にしだいに**細胞板**が形成されてゆき，それがやがて既存の細胞壁に到達して細胞を2つに仕切ることになる．この後，さらに細胞板の両側にセルロース層が形成され細胞壁ができる．

## 4・3 動物の組織

多細胞生物の体は機能的に異なる種々の細胞集団によって構成されている．同一の形態と機能をもった細胞の集団のことを組織というのに対し，いくつかの組織が集まってつくる機能的構造を器官，さらに器官が複数，有機的に結合されて働くときには，それを**器官系**とよぶ．

動物の組織は，基本的に上皮組織，結合組織，筋組織および神経組織に分けることができる．

### 4・3・1 上 皮 組 織

一般に個体の表面およびこれにつながる消化管，肺などの内壁をおおっているのは上皮組織である．上皮組織は外界に接しているため，環境の変化に対する保護的役割を果たせるように分化している．たとえば，陸生動物は，体表の上皮組織が乾燥に対して抵抗性をもち，陸上生活を可能にしている．上皮組織は形態と機能によっていくつかのタイプに区分される．

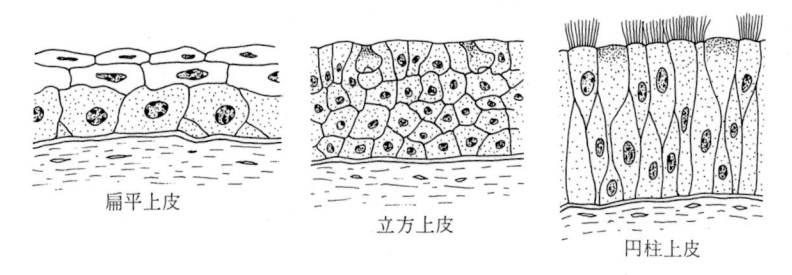

図 4・15 　上皮組織（層状上皮）

薄く，平たい細胞が1層または多層に重なってできているのは**扁平上皮**で，心臓，血管などの内側の層や，高等動物の皮膚の表面を形づくっている．円柱状の細胞でできているのは**円柱上皮**で，高等動物の胃や腸では1層の細胞からなり，分泌機能をもつ．このほか，特殊な形態をもつものとして繊毛上皮，襟細胞上皮などがあり，特殊な機能をもつよう分化したものとしては，感覚上皮，分泌上皮，生殖上皮などがある．

### 4・3・2 結合組織

　結合組織は細胞，組織などをたがいにつなぎ合わせたり，支持したりする組織である．結合組織を構成する基本細胞は離ればなれに存在し，ふつうその間隙に繊維や血漿など多量の細胞間物質が含まれている．通常の結合組織は，哺乳類のへその緒などにみられる**膠様結合組織**，リンパ器官にみられる**網状結合組織**，さらにコラーゲン繊維を含み，もっとも多量に存在する**繊維性結合組織**に分けられる．軟骨組織，骨組織も結合組織の特殊なものである．血液やリンパ液も，基本細胞である血球が液体の基質中に浮かんだ，特殊な結合組織である．

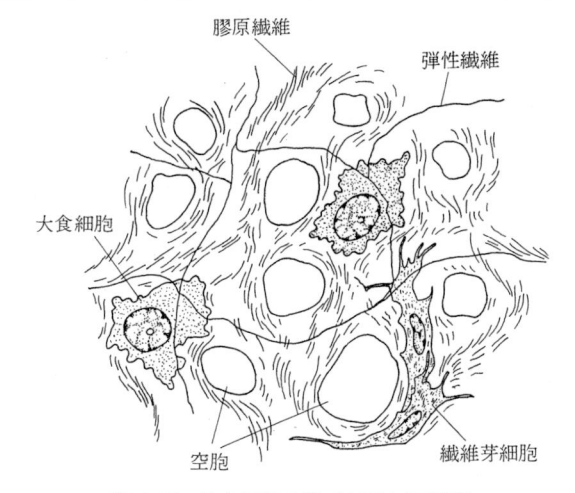

図4・16　結合組織の例（木下より改図）

### 4・3・3　筋 組 織

　筋組織は個体の運動に関係するもののほかに，内臓の運動に関与し，食物や血液の体内での移動に役立つものもある．脊椎動物では，**骨格筋**や**心筋**には横紋があり，**内臓筋**は横紋のない平滑筋である．いずれも収縮性をもった筋肉細胞（**筋繊維**）からなっている．筋肉細胞の細胞質には筋原繊維が走っており，骨格筋ではそれが光学的に異方性を示す**暗帯**（A 帯）と等方性の**明帯**（I 帯）に分かれるために，横紋となってみえる．筋組織は結合組織と結びついて骨に力を伝え，また心臓や消化管では，その形を変化させることによって，血液循

4. 生物のつくり

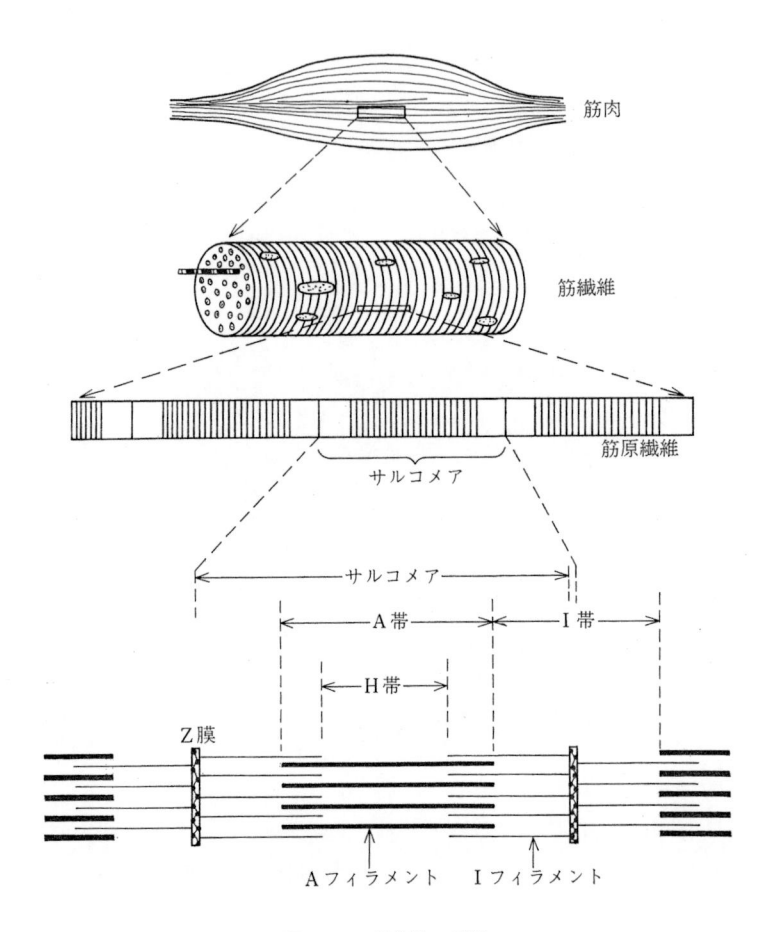

図4・17　骨格筋の構造

環や食物の体内輸送を行う．

### 4・3・4 神経組織

神経は腔腸動物以上の後生動物において体内の情報伝達を行い，個体としての統一性を保つ役目を負っている．神経組織は神経細胞とこれを支持する細胞および栄養に関係する細胞などからなっている．細胞は一般に刺激を受けて興奮し，それを他に伝える性質をもっているが，それらの性質が高度に発達しているのが神経細胞である．神経細胞は核を含む細胞体と，これから長く伸びる突起で，興奮を伝える**軸索**（神経繊維），さらに他の神経細胞と結合するための**樹状突起**からなる．細胞体から出る突起のうちもっとも長いのが軸索で，1 m に達するものもある．神経細胞全体は**ニューロン**または神経単位ともよばれる（図6・9）．

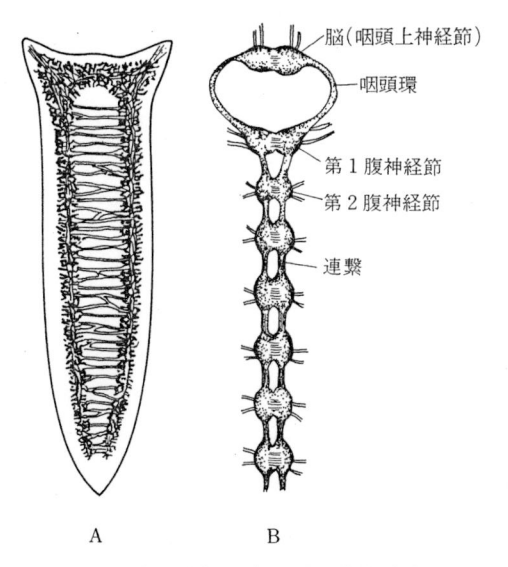

**図 4・18** 扁形動物（A）と環形動物（B）の神経組織（Kühn より）

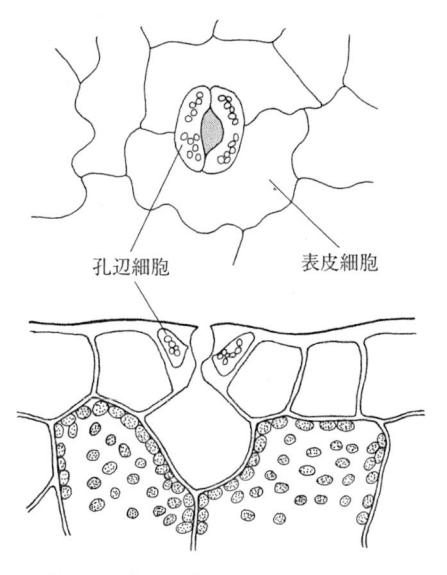

### 4・4 植物の組織と組織系

藻類，菌類および苔類は茎，葉の区別がなく，維管束も分化していないので**葉状植物**とよばれる．これに対し，蘚類や種子植物は茎

**図 4・19** 気孔．表面（上）と断面（下）

と葉の区別が明らかで，**茎葉植物**といわれる．茎葉植物の組織はたがいに連絡し合って組織系をつくり，さらにいくつかの組織系が連絡して茎，葉，根といった器官をつくっている．組織系は表皮系，基本組織系ならびに維管束系に分けられる．

### 4・4・1　表皮系

植物体の表面を包み保護する表皮と，それの変形した毛，気孔などから構成されている．表皮はすき間なく並んだ1層または多層の細胞からなり，外側の細胞壁にはクチクラの層が発達したものもあって，水分の蒸散を防ぐ働きをしている．表皮のところどころ，とくに葉の裏面には**気孔**があり，外界の条件に応じてこれを開閉させることによって，水分の蒸散の調節とガス交換を行う（6・1・1 参照）．水孔は葉の表皮にあり，葉脈と連絡して多量の水分を排出する目的をもっている．

### 4・4・2　基本組織系

表皮系と維管束系を除いた部分の総称であるため，生理的，形態的に異なるさまざまな組織を含んでいる．葉においては，葉脈を除いた葉肉が基本組織系にあたる．基本組織系を生理的機能によって分けると，同化組織，貯蔵組織，分泌組織，機械組織，通気組織，貯水組織などとなる．

### 4・4・3　維管束系

おもに維管束からなり，体内物質の移動や体の機械的支持を行う部分であり，植物体の肥大成長はこれら維管束系の増量による．維管束は木部と師部に分けられる．**木部**は道管，仮道管，木部繊維，木部柔組織からなり，水を運ぶ．裸子植物には道管と木部繊維がない．**師部**は師管，伴細胞，師部繊維，師部柔組織からなり，栄養物質の通路となる．裸子植物には伴細胞がな

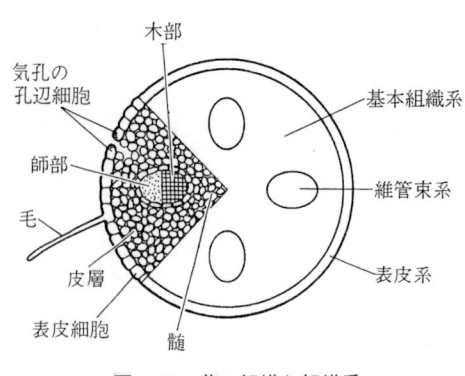

図 4・20　茎の組織と組織系

く，蘚類ではこのほかに師部繊維をも欠いている．

> ## アポトーシス（細胞の自殺）
>
> 　発生によって後生動物の体ができていくとき，細胞は分裂によってどんどん増えるだけではない．特定の役目を終えた細胞たちは，途中で整然と消えていく．これは，突発的な事故で細胞が死ぬこととは違って，あらかじめ予定された現象なので「**プログラム細胞死**」，あるいは「**アポトーシス**」（ギリシャ語で秋の落葉を意味する語）とよばれている．たとえば，発生の途中でヒトの胚にできた尾が，やがて消滅するのはアポトーシスによる．指の発生においては，初めカエルなどの水かきのような組織でつながっていた5本の指が，後になって独立するのは，間にある組織にアポトーシスが起こるからである．

## まとめの問題

1. 真核細胞の原形質を2つの部分に分けているものは何か．
2. エキソサイトーシス，エンドサイトーシスという細胞膜の働きは，膜のどのような性質と関係があるだろうか．
3. 小胞体およびゴルジ体の働きについて説明せよ．
4. リソソームの膜が破れると，なぜ細胞にとって有害なのか．
5. ミトコンドリアと葉緑体が他の細胞小器官と異なる点は何か．
6. 真核細胞だけでなく，原核細胞にも存在する細胞小器官は何か．
7. 9＋2構造とは何か．
8. DNA，クロマチン，染色体の関係を説明せよ．
9. 原核細胞と真核細胞の分裂様式の違いを説明せよ．
10. 細胞周期における$G_0$期とは何か．
11. 動物と植物の細胞質分裂はどのように違うか．
12. 動物の組織を大きく4つに分けて，おのおのの特徴を説明せよ．
13. 植物の3大組織系について，おのおのを簡単に説明せよ．

# 5 生物のはたらきⅠ. 細胞のいとなみ

　これまでの各章では，地球上の生物の多様性を強調しながら話を進めてきた．この章では視点を変えて，多様性という扮装を脱いだときにみられる生物の共通の中身について紹介する．

## 5・1 生体を構成する物質
　地球そのものに存在する化学元素は 100 種類以上にのぼるが，その中で生物が共通に利用している元素は 16 種類にすぎない．また，その存在比も生体内と地球全体とでは大幅に違っている．

　生体内にもっとも多い 4 種類の元素は，**水素，酸素，炭素，窒素**であり，これら 4 元素だけで生物の重量の約 99 % を占めている．生物がこれらの元素を好んで利用する最大の理由は，これらの原子がさまざまな様式でたがいに結合しやすく，多様な分子をつくれるからである．

### 5・1・1 小さな分子
　どのような細胞であっても，それが生きている限り，もっとも多量に存在する分子は水である．水分子が細胞内ではたす役割は 3 つに分かれる．①化学反応に参加する，②自分自身は反応に参加しないが，化学反応する物質を溶かす溶媒の役をする，③物質や物体の輸送の手段になる．これらの中でも，水の溶媒としての役割はもっとも重要である．化学反応は個々の原子，分子あるいはイオンが集合して固形物となっているときには起こらず，水がそれらをばらばらにして初めて起こるからである．

　生体における**二酸化炭素**の役割は水の場合ほど多様ではないが，呼吸と光合成という 2 つの基本的反

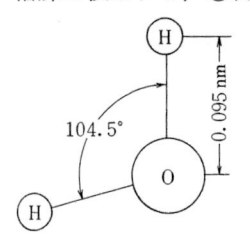

図 5・1　水分子

応に関わっている．生体分子（有機物）中に含まれる炭素原子は直接または間接に二酸化炭素に由来している．分子状酸素は多くの生物にとって不可欠の分子で，呼吸の際に消費され，その利用によって細胞は必要なエネルギーを得ている．

アンモニアは窒素原子1つと水素原子3つからできている．多くの植物はアンモニアそのもの，または細菌がそれに働きかけてつくる化合物を材料としてアミノ酸などの有機窒素化合物をつくる．他方，アンモニアそのものは生体にとって非常に有害な作用をもつので，生物はさまざまな方法でそれを排出するか，他の化合物へ転化する工夫をしている．

### 5・1・2 炭水化物

炭水化物は**糖**ともよばれ，炭素原子の鎖に水素と酸素の原子が結合した分子である．炭水化物には多くの種類があるが，それらに含まれる水素原子と酸素原子の比はたいてい2対1である．もっとも簡単な構造をしており，それ以上加水分解されない糖は**単糖類**とよばれる．単糖類には炭素を3つ含むものから7つ含むものまである．生体内にもっともふつうにみられる単糖類は炭素原子6個を含む**グルコース**である．

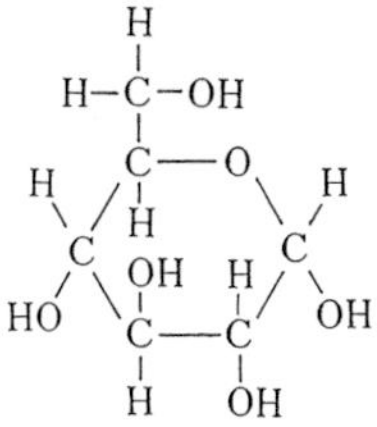

図5・2　グルコース

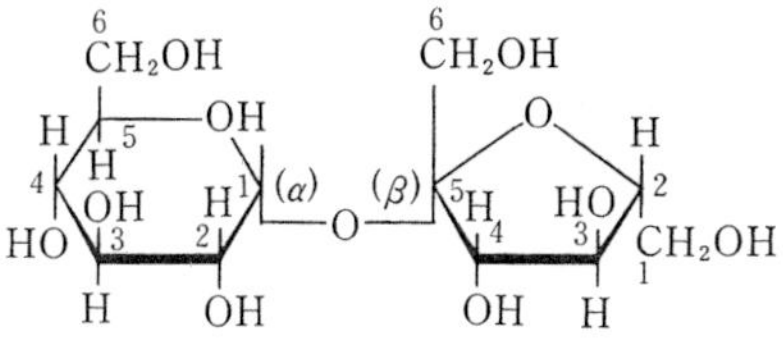

ショ糖(スクロース) 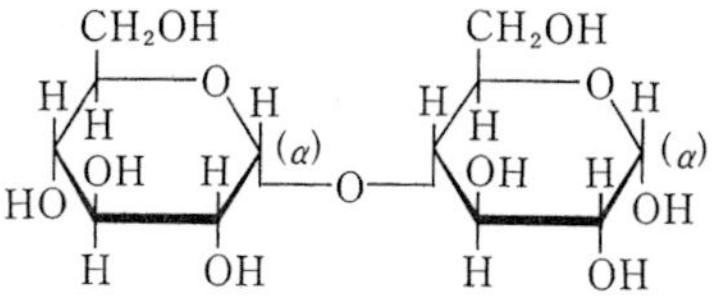　　　　　マルトース

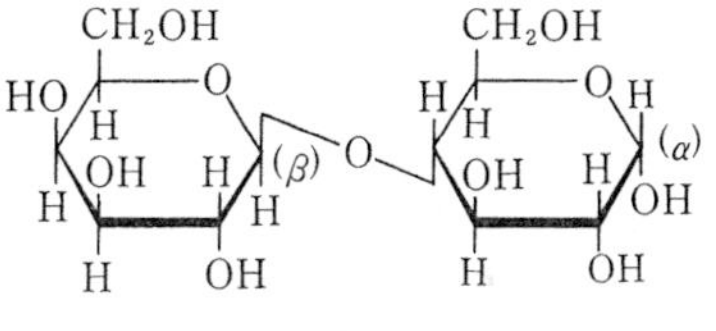

ラクトース

図5・3　二糖類の例

単糖類はたがいにつながり合うことができる．たとえば，グルコースとフルクトース（果糖）が結合するとスクロース（ショ糖）ができ，グルコースとガラクトースでラクトース（乳糖）ができる．これらは**二糖類**とよばれる．単糖類が多数，ときには分枝状につながってできた高分子物質は**多糖類**とよばれる．ふつうにみられる多糖類はデンプン，グリコゲン，セルロースで，これらの単位はいずれもグルコースだが，それらの結合のしかたが違っている．

図5・4 グリコゲン

多糖類にはエネルギーの貯蔵と細胞構造の強化という2つの働きがある．後者は植物にのみみられる働きで，細胞壁の主成分であるセルロースがその働きをしている．

### 5・1・3 脂　質

脂質には脂肪（油脂），リン脂質，ワックスおよびステロイドが含まれる．いずれもエーテルのような有機溶媒によく溶ける性質をもっている．脂肪はグリセロールと脂肪酸からなる化合物で，**脂肪酸**の種類によって常温で固体か，液体かの違いができる．脂肪酸は炭素原子約20個と水素原子だけからなる部分（炭化水素）の一端にカルボキシル基のついた酸性の分子で，炭化水素部分の違いによって数十種類存在する．脂肪酸のうち，炭素原子がすべて単結合で

$$H_2COCOR_1 \quad\quad CH_2OH \quad\quad R_1COOH$$
$$HCOCOR_2 \;\rightleftharpoons\; CHOH \;+\; R_2COOH$$
$$H_2COCOR_3 \quad\quad CH_2OH \quad\quad R_3COOH$$

脂肪　　　　グリセロール　　脂肪酸

図5・5　脂肪（中性脂肪）．$R_1 \sim R_3$ は炭水化物の鎖を表す

つながったものを**飽和脂肪酸**，一部に二重結合を含むものを**不飽和脂肪酸**という．脂肪のおもな役割はエネルギーの貯蔵で，脂肪分子には糖やタンパク質に比べて2倍以上濃縮してエネルギーを貯えることができる．

表5・1 脂肪酸の構造

| 脂肪酸 | 炭素数 | 構造 |
|---|---|---|
| 飽和脂肪酸 | | |
| ラウリン酸 | 12 | $CH_3(CH_2)_{10}COOH$ |
| パルミチン酸 | 16 | $CH_3(CH_2)_{14}COOH$ |
| ステアリン酸 | 18 | $CH_3(CH_2)_{16}COOH$ |
| 不飽和脂肪酸 | | |
| オレイン酸 | 18 | $CH_3(CH_2)_7CH=CH(CH_2)_7COOH$ |
| リノール酸 | 18 | $CH_3(CH_2)_4(CH=CHCH_2)_2(CH_2)_6COOH$ |
| リノレン酸 | 18 | $CH_3CH_2(CH=CHCH_2)_3(CH_2)_6COOH$ |

**リン脂質**の構造は脂肪に似ているが，グリセロールと結合する脂肪酸の1つがリン酸を含む化合物によって置き換えられている．細胞膜などの主成分で，エネルギー貯蔵体の意味はない．

**ワックス**にはさまざまな化合物が含まれるが，代表的なものはグリセロールに似た高級アルコールと脂肪酸の化合物である．生体の体表面からの水分の消失や侵入を防ぐ意味をもっている．**ステロイド**は炭素原子からなる環状構造が蜂の巣状につながり合った構造を骨格とする分子で，他の脂質とは化学的性質が異なる．この中には動物のホルモンとして重要な働きをするものが含まれる．

### 5・1・4 タンパク質

アミノ酸の単位が多数つながり合って構成する生体高分子物質を**ポリペプチド**という．単数ないし複数のポリペプチドからなり，特定の機能を示す分子を一般にタンパク質とよぶ．タンパク質を構成する**アミノ酸**は塩基性のアミノ基と酸性のカルボキシ基とを各1個以上含む，比較的小さな分子の総称である．生体に単独で存在するアミノ酸の種類は多いが，そのうちタンパク質の構成単位になるのは20種類だけである．各アミノ酸をつないでいるのは**ペプチド結合**で，これは1つのアミノ酸のカルボキシ基と，となりのアミノ酸

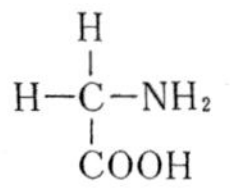

図5・6 グリシン
（もっとも簡単なアミノ酸）

表5・2 タンパク質を構成するアミノ酸とその略号

| アミノ酸名 | 略号 | アミノ酸名 | 略号 |
|---|---|---|---|
| グリシン | Gly, G | スレオニン | Thr, T |
| アラニン | Ala, A | システイン | Cys, C |
| バリン | Val, V | チロシン | Tyr, Y |
| ロイシン | Leu, L | アスパラギン | Asn, N |
| イソロイシン | Ile, I | グルタミン | Gln, Q |
| メチオニン | Met, M | アスパラギン酸 | Asp, D |
| フェニルアラニン | Phe, F | グルタミン酸 | Glu, E |
| トリプトファン | Trp, W | リジン | Lys, K |
| プロリン | Pro, P | アルギニン | Arg, R |
| セリン | Ser, S | ヒスチジン | His, H |

のアミノ基から，合わせて水が1分子奪われることで形成される化学結合である．このような結合の結果，ポリペプチドの両末端のアミノ酸は遊離のアミノ基かカルボキシ基をもつことになる．前者をもつ末端をN（アミノ）末端，後者をもつ末端をC（カルボキシ）末端とよび，図示するときには，とくに断らない限り，N末端が左側に配置される．

　20種類のアミノ酸はどのような順序でも，どのような数でもつながり合えるので，理論的にはタンパク質の種類は天文学的数字になる．実際に存在するタンパク質の種類も少なくはないが，理論上の数に比べればごく少数である．ポリペプチドは無理に引き伸ばせば紐状の構造にもなるが，生体内ではおのおの特定の形に折りたたまれている．どのような形（高次構造，立体構造）になるかは，そのポリペプチドがどのような順序でアミノ酸を含んでいるか（一次構造）によって決められている．

　タンパク質はあらゆる生命現象に関与するもっとも重要な物質であり，量

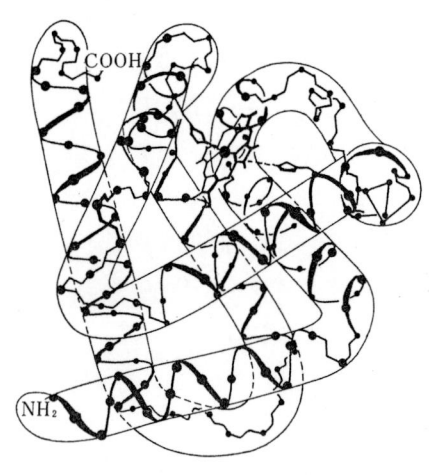

図5・7　ミオグロビンの立体構造
（Dickerson, 1964より）

的にも細胞の乾燥重量の50％におよぶ．また，細胞の性質や働きを決めているのは，どのような種類のタンパク質を合成するかである（7・5・1参照）．タンパク質はその種類の違いによって，きわめて多様な働きをするものに分かれている．たとえば，毛髪，爪，骨などに多量含まれる構造タンパク質，酵素タンパク質，異物の識別と排除に関わる免疫タンパク質（抗体など），ホルモンなど細胞間の情報伝達や，細胞内の制御機構に関わるタンパク質等々である．

### 5・1・5 核　酸

核酸には生物の遺伝情報をになう役割があり，タンパク質とならんで細胞には不可欠な物質である．核酸を構成する単位は**ヌクレオチド**だが，ヌクレオチド自体，塩基，糖，リン酸の3つの部分からなり，糖とリン酸のくり返しが核酸の骨格を形成している．

核酸は含んでいる塩基と糖の違いによって，大きく**DNA（デオキシリボ核酸）**と**RNA（リボ核酸）**に分けられる．DNAを構成する塩基は**アデニン（A），グアニン（G），シトシン（C）およびチミン（T）**の4種類である．RNAの塩基も4種類だが，チミンの代わりに**ウラシル（U）**が含まれている．DNAの構成糖は**デオキシリボース**，RNAのそれは**リボース**で，DNAに比べてRNAが分解しやすいという化学的性質の違いは，おもに2つの糖の違いに由来している．アミノ酸配列と同様に，ヌクレオチドの配列にも方向性がある．糖の5′位

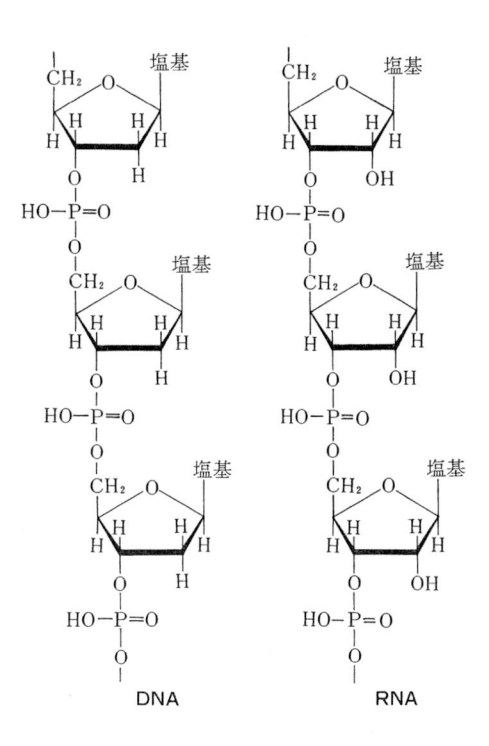

図5・8　核酸の構造

のCの側で終わる末端（図5・8では上側）を5′末端，3′位のCで終わる末端を3′末端という．

　核酸の場合，骨格は糖とリン酸のくり返しに決まっているから，ヌクレオチドの並び方（配列）の多様性を決めているのは4種類の塩基の配列のしかたである．塩基配列は，ふつう5′末端を左側に配置して図示される．アイウエオ……のさまざまな配列が言語情報の意味をもつのと同様に，AGCTからなる

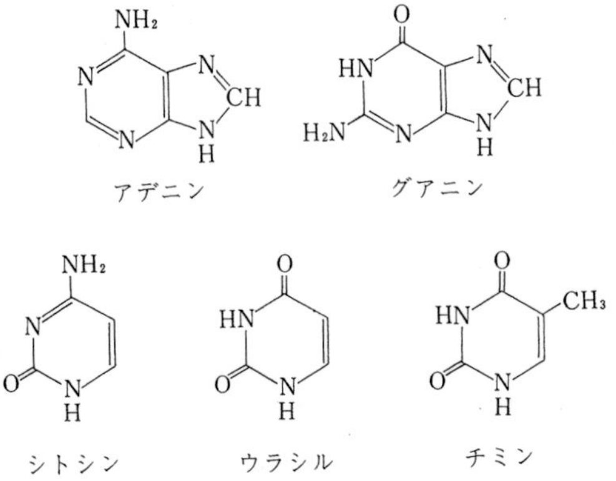

図5・9　核酸塩基の構造

さまざまな配列が情報の意味をもつことができる．この情報が遺伝情報であり，遺伝情報をもつDNAの部分が遺伝子である．遺伝情報とは，それによってタンパク質のアミノ酸配列（ときにはRNAの塩基配列）を指示できるDNAの塩基配列のことである（5・5参照）．

　細胞内でDNAは通常2本鎖として存在する．2本鎖はたがいに逆向きの方向性をもち，向き合った形で二重らせんを形成している．核酸塩基AはT(U)と，またGはCとたがいに結びつきやすい性質をもっている．この性質のことを**相補性**という．二重らせんを形成する2本のDNA鎖の塩基配列はたがいに相補的であるため，構造が安定に保たれる．真核細胞ではDNAは核内にあり，おもにヒストンというタンパク質と複合体をつくり，非常に圧縮されたクロマチンとして存在する（4・1・11参照）．たとえば，ヒトの細胞1個の核内に収められているDNAをつなぎ合わせて引き伸ばせば，174 cmもの二重

らせんになる．

　細胞からなる生物の RNA は，すべて必要に応じて DNA から転写 (5・5 参照) された分子だが，ウイルスの中には，DNA の替わりにもともと RNA を遺伝子としてもつものも少なくない．

## 5・2　酵　素

　化学反応は高温になるほど速く進行することはよく知られている．この意味では，通常の生物は 40℃ までの温度下で生きているから，生体内で起こる化学反応はゆっくりとし

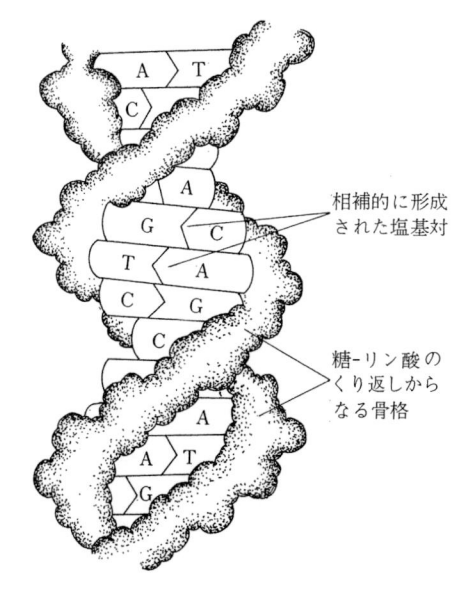

図 5・10　DNA の二重らせん構造

か進まないはずだが，実際は各反応とも非常に速やかに進行することがわかっている．それは，これらの反応に酵素とよばれる効率のよい触媒が関与しているからである．

　酵素は，無機触媒と同様に，それ自身は反応の前後で変化することなく，生体内の反応の速度を高めている．生体内の各反応には，それぞれ独自の酵素が関与しているから，生物のもつ酵素の種類は莫大な数にのぼる．

### 5・2・1　酵素の本体

　ふつう，酵素の重要な部分はタンパク質でできている．タンパク質に特定の金属原子や糖類などが結合して，酵素としての働きを助けている場合もある．タンパク質は一般に，自然条件下ではおのおのが特定の形をもっている (5・1・4 参照)．酵素分子にとっては，特定の形をもっていることがとくに重要な意味がある．たとえば，酵素分子を 100℃ ぐらいまで加熱したり，極端な酸性や塩基性の環境にさらすと，その働きが失われてしまう (酵素の失活)．それは，酵素分子が本来もっていた形が，これらの処理によって失われたからである．

## RNA 酵素（リボザイム）と RNA ワールド

　タンパク質が酵素として働くことのできる最大の理由は，アミノ酸配列の違いに応じて，膨らみやくぼみをもつ非常に多様な立体構造をとれることである．その眼でながめると，RNA 分子もタンパク質ほど柔軟ではないにしても，塩基配列の違いでさまざまな立体構造をとれることがわかる．たとえば，タンパク質合成の場へアミノ酸を運び込む tRNA 分子も，空間的に折りたたまれて，ある形をもつのが特徴である（図 5・25 参照）．1980 年代初めの頃，ある偶然から，RNA 分子の中には他の RNA へ働きかけて，それを切断したり，連結したりする酵素活性をもつものがあることが明らかになった．その後，続々と同様の活性をもつ RNA 分子がみつかり，活性の基礎はやはりその分子固有の立体構造にあることもわかった．

　RNA はその塩基配列によって遺伝情報となることができるから，酵素活性を併せもつならば，他の力を借りないで自らを複製することも可能に思える．そこで，進化のある段階には，RNA だけからなる生物の世界，つまり RNA ワールドが存在したという学説がにわかに説得力をもってクローズアップされるようになった．この説によれば，その後の進化で，遺伝情報のおもなにない手は化学的により安定な DNA へ，また，酵素活性のおもなにない手は構造的により柔軟性に富むタンパク質へと移っていったのだという．その意味で興味深いのはリボソームである（4・1・9 参照）．リボソームはタンパク質と RNA で構成されているが，最近の研究からは，アミノ酸をつなぎ合わせるタンパク質合成の活性（5・5・5 参照）は RNA に属していることが示唆されている．つまり，RNA ワールドでは RNA が単独でタンパク質合成を行い，やがて合成されるタンパク質が多様化して，RNA の役割を肩代わりするようになったことを推測させる．

　ATP はもちろん，NAD など重要な補酵素のすべてが化学的にはリボヌクレオチドであることも，生命の起源の頃に展開された RNA ワールドの名残りだと考えることができる．

　このように，タンパク質が本来もっていた形（高次構造）を失うことを**変性**という．これに対し，ペプチド結合の切断によって一次構造を失うことは**分解**という．もちろん，分解によっても酵素は失活する．

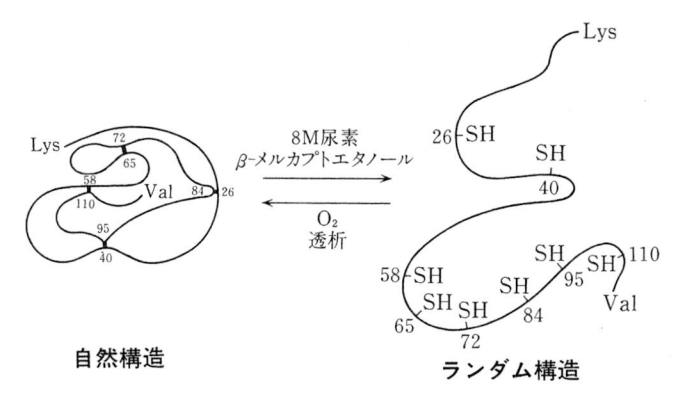

**図5・11　タンパク質の構造変化の例（RNaseA）**
右向きの構造変化（変性）が起こると，酵素は失活する

### 5・2・2　酵素の作用

　酵素の作用する相手の物質のことを**基質**という．酵素作用の結果できるのは（反応）産物である．酵素が存在すると化学反応が速く進む理由は，酵素が基質を一時的に結合するからである．酵素分子には適当な穴があって，基質はそこへすっぽりはまり込む形で結合する．すると穴の形が少し変わり，それに伴って基質は産物へと変えられ，やがて酵素分子から解離する．

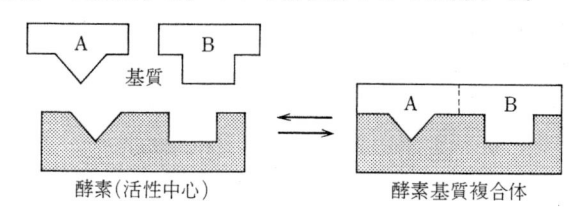

**図5・12　酵素の鍵と鍵穴**

　実際，各酵素分子には基質と結合する活性中心とよばれる，上で述べた穴に対応する部分があり，この部分の構造を変えると酵素活性は著しく低下する．活性中心は一定の形（化学構造）をした基質としか結合できないので，酵素の種類が異なると基質の種類も異なる．このことを酵素の**基質特異性**という．基質特異性の著しく高いことが，無機触媒に比べたときの酵素の大きな特徴である．

### 5・2・3 酵素の調節

生体内では，酵素の関与するすべての反応が常時フルスピードで進行しているわけではない．特定の細胞で，必要なときに，必要なだけ特定の反応を進めることが重要で，このためには酵素の活性を調節しなければならない．

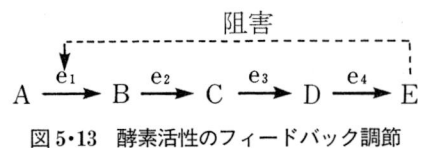

```
           阻害
       ┌─────────────┐
       ↓             
   A ─e₁→ B ─e₂→ C ─e₃→ D ─e₄→ E
```
図5・13　酵素活性のフィードバック調節

たとえば，図5・13のように基質Aを中間産物B〜Dを経てEに変える反応系があり，おのおのの段階を$e_1$〜$e_4$の酵素が触媒するものとしよう．このような系で，Eを適正量生産するように働く調節が**終産物阻害**とよばれる調節で，終産物のEが第1段階の酵素$e_1$の活性を阻害する．実際には，Eが$e_1$の活性中心以外の場所（**アロステリック部位**という）に結合することによって，酵素分子の形を少し変えるため活性が低下する．この結合は可逆的であり，Eの量が増すとそれと結合して活性の低下した酵素分子の割合が増し，減少するとEを解離してもとの高い活性にもどる酵素分子が多くなる．このしくみによれば，最終産物が過剰や過少になるのを防ぐことができ，一般に**フィードバック調節**とよばれる．

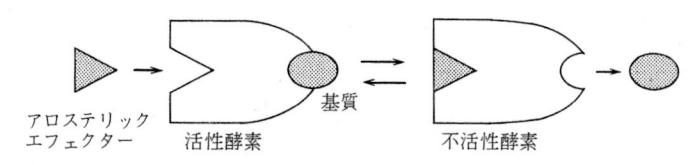

図5・14　アロステリック調節

別のタイプの酵素活性の調節は消化酵素に例がある．ペプシンやトリプシンは，細胞内では分子内に余分なポリペプチドをもつ不活性な前駆体であるため，自らのタンパク質を分解することを妨げられている．消化管へ分泌されると余分な部分が切除されて活性な酵素となる．

> ## タンパク質工学
>
> 　理論的に可能なアミノ酸配列の数に比べると，自然界に存在するタンパク質のアミノ酸配列のレパートリーはまったくとるに足らないものである．そこで出てくるのが，アミノ酸配列をデザインして，自然界に存在するものよりも有用な性質をもつタンパク質をつくろうという，タンパク質工学の試みである．タンパク質工学によって，たとえば耐熱性の高い酵素，さまざまな機能を併せもつ多機能性酵素，あるいはバイオセンサーとして使えるタンパク質の製造等々，夢は限りなくふくらむ．
>
> 　ただ，現在のところ最大のネックは，どのようなアミノ酸配列にすると，どのような立体構造になるかについての一般的理論が確立されていないことである．したがって，当然，そのタンパク質の性質がどうなるかもわからない．このネックを克服するためには，今まで以上にコンピューターサイエンスとの連携が求められるであろう．現段階で行われているのは，たとえば耐熱性については高度好熱菌（3・3・1参照）のタンパク質のアミノ酸配列を模倣するか，さもなければ試行錯誤をくり返して，たまたまできた有用なタンパク質を利用することである．

## 5・3　光合成

　生物の活動に使われるエネルギーの源は大部分が太陽光である．太陽光のエネルギーを直接利用して有機物を合成する生物は**独立栄養生物**とよばれる．独立栄養生物の合成した有機物を直接ないし間接的に利用して生活する生物は**従属栄養生物**とよばれている．生物体内で物質が次々と形を変えていくことを**代謝**とよび，それに関与する一連の反応系のことを**代謝系**という．代謝系のうちでもっとも重要なのは光合成と呼吸である．

　光合成はきわめて複雑な反応過程からなるが，大きくは，太陽の光エネルギーを化学エネルギーに転換する過程と，それを用いて二酸化炭素を固定し，実際に有機物を合成する過程とに分けられる．

### 5・3・1　ATP

　従属栄養生物は，有機物を摂取し，それを消化・分解することによってエネ

ルギーを得ている．原子同士を結合させて有機物をつくるときには，化学エネルギーが封じ込められるので，逆に有機物を分解すればエネルギーをとり出せるからである．生体内では，このように化学エネルギーを有機物へ封じ込めるときにも，とり出すときにも，必ず ATP という特別な化合物が使われる．このため ATP はエネルギー通貨とよばれることもある．

ATP はアデニンを塩基としてもつリボヌクレオチドだが，RNA の構成単位のときと違って，リボースにリン酸基が 3 つ結合している．ふつうは，ATP の一番外側のリン酸基を結合する（ATP を合成する）ときエネルギーが封入され，それを脱離させる（ATP を分解する）ときにエネルギーが放出される．

### 5・3・2 光エネルギーによる ATP 合成

光合成の前半の過程では，光エネルギーを利用した ATP の合成，つまり光エネルギーを化学エネルギーへ転換する反応が起こる．このとき水分子が分解されて酸素が発生する．実際に光合成を行うのはおもに緑色植物で，これらのもつ葉緑体のチラコイド膜には特殊な色素があり，光をよく吸収する．光を吸収すると，この色素を構成している分子からは電子がとび出しやすくなる．これが光エネルギーの化学エネルギーへの転換の第一歩である．色素分子からとび出した電子は，それを受けとりやすい分子へと一定の順序で，次々と渡されてゆき，この間にエネルギーが解離され，それを使って ATP が合成される．

このように電子がある方向へ流れるとエネルギーが解離される事実は，人間の日常活動の大部分が電気（電子の流れ）に頼って営まれていることを思い出せば納得できるであろう．色素分子から失われた電子は，水分子の分解で生ずる電子によって補充される．

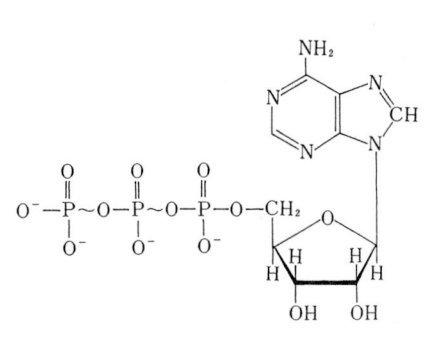

**図 5・15 ATP．** ～は高エネルギーリン酸結合を示す

これら一連の反応において最終的に電子を渡される分子（NADPHという）は、それ自身他の適当な分子に出会えばさらに電子を渡すことができる。したがって、NADPHもATP同様、化学エネルギーを貯えた状態の分子といえる。

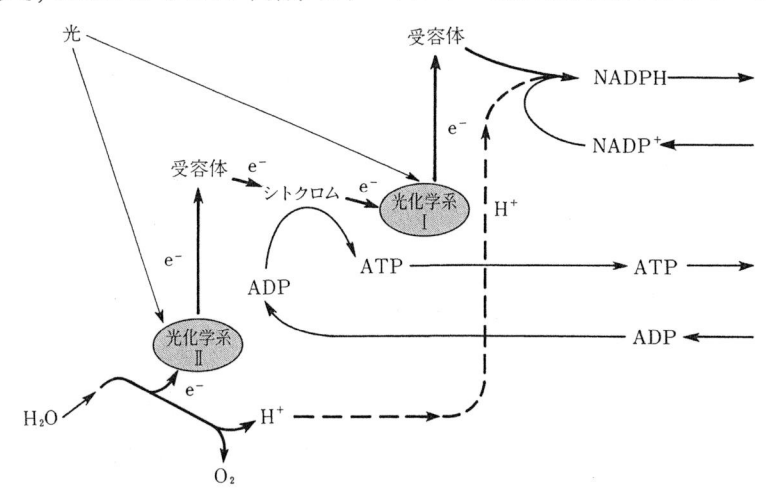

図5・16　光エネルギーの化学エネルギーへの転換

### 5・3・3　炭酸固定

光合成過程の後半では、葉緑体のストロマの部分でATPやNADPHに貯えられた化学エネルギーを利用し、空気中の二酸化炭素を固定して有機物を合成する反応が行われる。

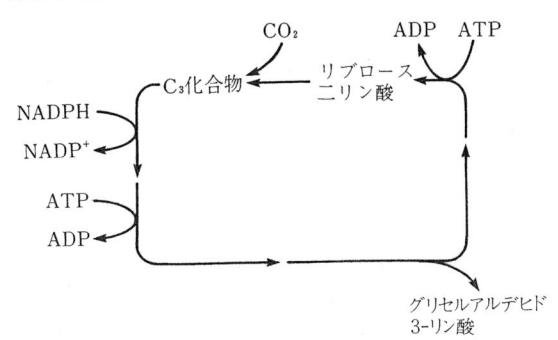

図5・17　炭酸固定反応（カルビン・ベンソン回路）の概念

炭酸固定反応のはじまりは，あらかじめ存在するリブロース二リン酸という化合物へ二酸化炭素を結合させ，それによって2分子の3-ホスホグリセリン酸をつくる段階である．この反応を進める酵素はリブロース二リン酸カルボキシラーゼだが，これは緑葉総タンパク質の半分を占めるほど多量に存在するので，地球上でもっとも量の多いタンパク質と考えられている．3-ホスホグリセリン酸はいくつかの経路により，最終的にスクロース，グルコース，デンプンなどを生ずる．一方，これらの反応産物相互の化合から，リブロース二リン酸の再生反応も起こる．これら一連の反応は**カルビン・ベンソン回路**とよばれる．

## 5・4　解糖系と呼吸

ここでは，グルコースの分解を通じて，従属栄養生物がどのようにしてエネルギーを獲得する（ATPを合成する）かを述べるが，これは単にエネルギー獲得経路の一例であるだけでなく，その主要な経路でもある．

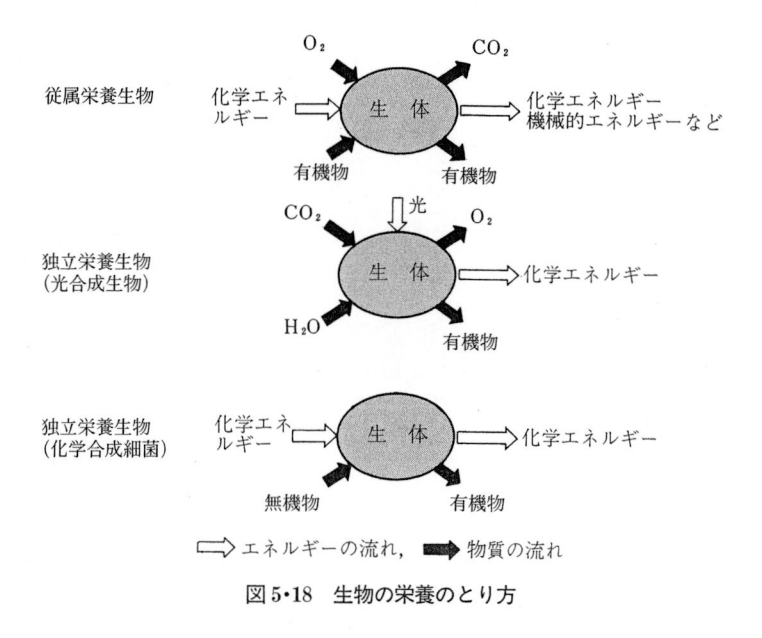

図5・18　生物の栄養のとり方

## 5・4・1 解糖と解糖系

解糖はグルコースを分解して**乳酸2分子**を生成する過程である．解糖は分子状酸素のない条件下で有機物を分解して化学エネルギーをとり出せるので，進化的に古くから存在した代謝経路であると想像される．一方，解糖は酸素の存在下では，後半で酸素利用系（5・4・2参照）へつながるので，酸素を利用する生物にとっても不可欠の代謝経路である．実際に乳酸を生成する場合を**解糖**，酸素利用系へつながる場合を**解糖系**とよんで区別することが多い．

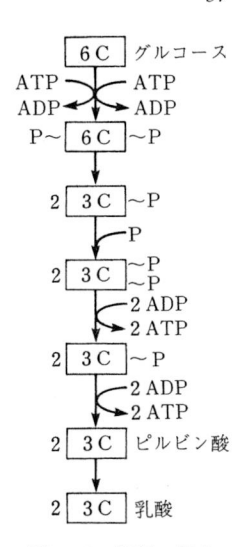

解糖は，激しい運動をしている筋肉組織などで行われる．ある種の微生物も無酸素条件下では解糖を行うが，これはとくに**乳酸発酵**とよばれる．

図5・19 解糖の概念

解糖は細胞質で，特別の構造の支えなしに進行する11段階の反応からなる代謝系であり，その中間産物10種類のうち9種類までがリン酸化合物である．解糖で起こる化学変化は，全体としては炭素原子6個からなる化合物を炭素原子3個の分子2つに変えるだけである．したがって，その間に解離されるエネルギーは少なく，1分子のグルコースが分解されても，合成できるATPは2分子だけである．

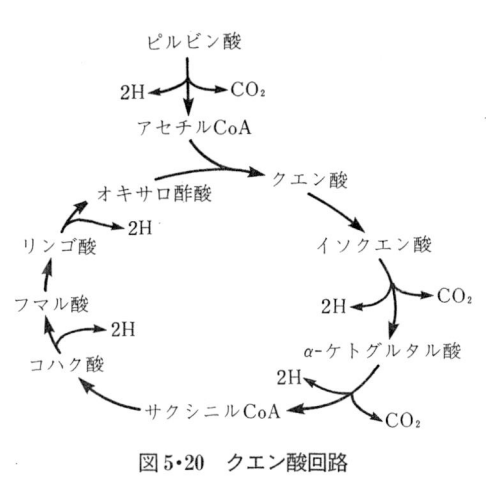

図5・20 クエン酸回路

## 5・4・2 クエン酸回路

解糖も化学的には一種の酸化であるが，不完全な酸化である．完全な酸化は燃焼と同じで，酸素のある条件下ではじめて可能になり，その結果，最終産物としてはつねに二酸化炭素と水を生成する．酸素を利用してグルコースな

どの有機物を完全酸化して化学エネルギーを解離させる過程を，生化学的意味での呼吸という．解糖のように酸素なしでエネルギーを解離させる過程を**嫌気呼吸**，酸素を利用する場合を**好気呼吸**とよぶこともある．

好気呼吸の目的にそって，好気的生物の細胞に広くみられる代謝系がクエン酸回路（**TCA回路，クレブス回路**）である．酸素が十分に存在すると，解糖系で分解されて生成したピルビン酸は乳酸に転化されずにクエン酸回路の方へ送り込まれる．図5・20のように，クエン酸回路は1回転するたびにピルビン酸を1分子ずつ間接的に消費してゆく過程である．真核細胞では，クエン酸回路の諸反応はすべてミトコンドリアのマトリックスにおいて進行する．

クエン酸回路が1回転する間に，有機物は何度も電子を奪われる．奪われた電子は，一時的に補酵素とよばれるNADH，NADPH，$FADH_2$などが保有することになる．電子を奪われた有機物は二酸化炭素などへ分解される．

### 5・4・3 電子伝達系

有機物から電子を受けとった補酵素は，光合成におけるATP合成反応の場合と同様に，その電子をより受けとりやすい物質へと一定の順序で渡してゆく．このとき，電子を受けとっては次へ渡してゆく物質の系列のことを電子伝達系という．ミトコンドリアの電子伝達系を構成するのは，主として**シトクロム**とよばれる鉄を含んだ一連のタンパク質で，内膜のマトリックス側に結合して存在する．次にシトクロム類よりもさらに電子を受けとる性質の強い分子状酸素まで電子が送られる．この分子状酸素が先に有機物から電子と同時に奪わ

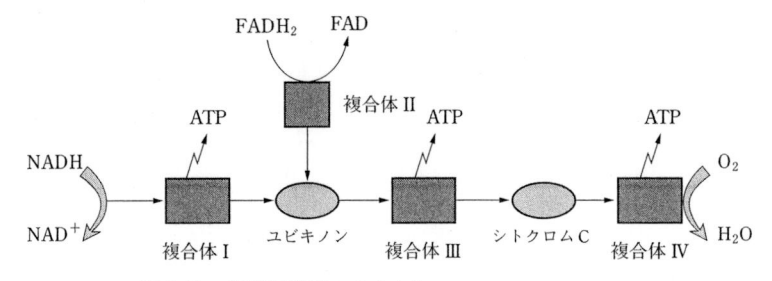

**図5・21 電子伝達系のあらまし**
電子はNADHまたは$FADH_2$から$O_2$へ伝達される

れた水素イオンと化合して水を生成し，伝達は終了する．

このような経路で電子が伝達されるときに化学エネルギーが解離されるのは，光合成の場合と同じで，それを使ってATPの合成が行われる．補酵素から分子状酸素まで1対の電子が伝達されると，補酵素の種類に応じて2ないし3分子のATPが合成される．クエン酸回路が1回転する間には，電子が補酵素に渡される過程が何度もあるから，電子伝達系を通じて多量のATPができることになる．1分子のグルコースが解糖系とクエン酸回路を通じて完全に酸化されると，総計38分子のATPが生成されるが，このうち解糖系で生成されるのは，先に述べたように2分子だけである．酸素を使った代謝がエネルギーを獲得する上でいかに効率が高いかがこれでわかる．

自然界全体を見渡すと，光合成が水と二酸化炭素を消費して有機物と酸素を生成すると，好気呼吸，つまりクエン酸回路とそれに連動した電子伝達系が，それらを消費して化学エネルギーを獲得しつつ，水と二酸化炭素を再生している．このように巧妙なエネルギーのバランスの上に立って地球上の生物たちは生活している．

---

### 化学合成細菌

独立栄養生物の大部分は，太陽光エネルギーを利用した光合成によって，有機物を合成しているが，原核生物の中には，光エネルギーに頼らない，化学合成細菌とよばれる例外的な生物群がいる．それらの細菌は，イオウ，水素，アンモニア，亜硝酸などが酸素と化合するときに解離する化学エネルギーを利用して二酸化炭素を固定し，有機物を合成している（図5・18参照）．

---

## 5・5 遺伝子の発現

ATPの合成によって獲得した化学エネルギーを使って，生物はさまざまな活動を行う．その中には生体成分の合成，筋肉の収縮，物質輸送，発熱，発光，発電などがある．なかでも生体成分の合成はあらゆる生物にとって不可欠な活動である．ここでは，その中でもっとも重要な意味をもつ遺伝子の発現に

ついて述べることにする．

> ## 遺伝子操作
>
> 　一般に2種以上の生物由来のDNAを連結する技術を含む生物操作法を遺伝子操作とよび，それによる有用物質の生産等を目的とするときには，とくに遺伝子工学ともいう．特定の塩基配列を識別できる制限酵素でDNAを切断し，連結酵素（リガーゼ）によってDNA断片をつなぎ合わせるのが基本技術である．この方法で目的とする遺伝子をプラスミドやウイルスへ組み込ませ，細菌などの細胞へ感染させると，細胞の増殖とプラスミドなどの複製に伴って，目的の遺伝子を何万倍にも増幅させることができる．これを遺伝子のクローニングという．問題の遺伝子が細胞の中で発現できるようにしておけば，天然には少量しかないタンパク質を多量に生産させることもできる．このように，1つの細胞の中へ異質な遺伝子を導入し，働かせることを形質転換という．
>
> 　細胞自体の染色体DNAへもぐり込む性質をもつウイルスなどを遺伝子の運び手（ベクター）に用いて，配偶子や胚を形質転換させ発生させれば，すべての細胞が形質転換体となった動物個体や植物体をつくることができる．これをトランスジェニック技術とよぶ．この技術を用いた家畜や農作物の品種改良は大きな成果を挙げている．また，トランスジェニック技術を応用すると，動植物個体のもつ特定の遺伝子を不可逆的に不活性化することも可能で，これを遺伝子のノックアウトという．ノックアウト技術を使えば，動植物体において個々の遺伝子のはたしている実際の役割を推測することができる．

## 5・5・1 転　写

　遺伝子に含まれた情報はいわば設計図であり，その設計図どおりに建造物をつくる段階を遺伝子の発現という．遺伝子の発現の第1段階はつねにDNAの塩基配列を手本としてRNAを合成することで，これを転写という．遺伝子には大きく分けて3つの種類がある．第1はタンパク質のアミノ酸配列についての情報をもつ（コードする）遺伝子で，この遺伝子が転写されるとmRNAができる．第2は，転写されるとリボソーム（4・1・9参照）の構成成分のrRNAになる遺伝子，第3は，転写されるとtRNA（5・5・4参照）などになる遺伝子

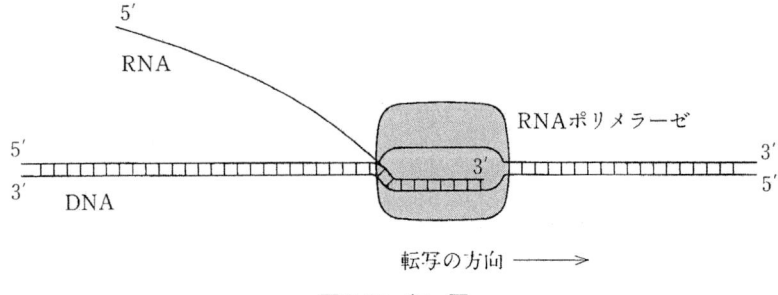

図5・22 転　写

である．

　遺伝子の転写が起こるときには，その部分の DNA の二重らせんが一時的にほどけ，そのうちの一方の DNA 鎖が鋳型の役目をする．つまり，その塩基配列と相補的になるように，各種の塩基をもつリボヌクレオチドが次々と運ばれてきてたがいに結合し，RNA 鎖となる．この結合を触媒する酵素は **RNA ポリメラーゼ**とよばれる．転写されてできる RNA の鎖は，つねに 5′ 末端から始まり，3′ 末端を伸ばすかたちで合成されてゆく．

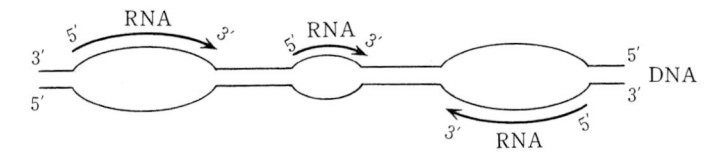

図5・23　DNA の RNA への転写

　このしくみからわかるように，転写によってできる RNA 鎖は，ある領域の二重らせん DNA の一方の鎖と相補的であり，他方の鎖とは RNA か DNA かという違いを除けば，同一である．

### 5・5・2　スプライシング

　原核生物の遺伝子と違って，真核生物の遺伝子は一つながりの塩基配列からなるとは限らない．とくに，タンパク質をコードする遺伝子はいくつかの領域に分かれて，DNA 上に分散しているものが少なくない．この場合，遺伝子の意味を分けもつ領域を**エキソン**，エキソン同士を隔てている領域を**イントロン**

```
           エキソン    エキソン    エキソン
―――――■■■■―――――■■■■―――――■■■■――――― DNA
           │ イントロン ⇓転写 イントロン │
           │                              │
           └──────────────────────────────┘  RNA（転写産物）

                     ◯     ◯            （切断してつなぐ）
           ▬▬▬▬▬▬▬▬▬▬▬▬▬▬▬▬▬▬▬▬  mRNA
```

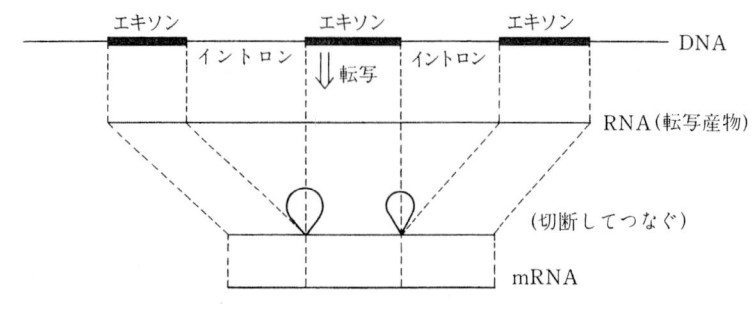

**図5・24　RNAのスプライシング**

という．このような遺伝子の転写はエキソン，イントロンをすべて含めて一つながりに行われ，mRNAの前駆体RNAができる．次には，前駆体RNAからイントロンが切断によって除かれ，エキソンがつなぎ合わされてmRNAが完成する．この過程をスプライシングという．スプライシングは核内にある，スプライソソームとよばれる巨大な酵素によって行われる．

　真核生物のほとんどのRNAは，このように転写の後で，さまざまな加工（プロセシング）を受けてから完成分子になる場合が多い．

### 5・5・3　遺伝暗号

　タンパク質を構成するアミノ酸の配列は遺伝子DNAの塩基配列によって指示されている．遺伝子の塩基配列はmRNAへ転写されるから，実際にタンパク質を合成するときに指標となるのはmRNAの塩基配列である．つまりmRNAに含まれる4種類の塩基の配列によって20種類のアミノ酸の配列が決められている．塩基配列とアミノ酸配列の間の関係を調べることは暗号の解読に似ているが，この解読が行われたのは1960年代前半のことである．

　解読の結果判明したのは，3個の塩基の配列が1つのアミノ酸を意味するという事実であった．4種類の塩基3個の並び方は $4^3=64$ 通りあり，それらはおのおの**コドン**（暗号子）とよばれる．各コドンのもつ意味をまとめたのが**コドン表**（遺伝暗号表）である．コドンのうち，UAA，UAG，UGAの3つは通常アミノ酸の意味をもたず，タンパク質合成を止めるときのシグナルの役目をする．他の61種類のコドンで20種類のアミノ酸を意味するから，複数のコド

## 表5・3 コドン表

|   | U | | C | | A | | G | |
|---|---|---|---|---|---|---|---|---|
| U | UUU | Phe | UCU | Ser | UAU | Tyr | UGU | Cys |
|   | UUC | Phe | UCC | Ser | UAC | Tyr | UGC | Cys |
|   | UUA | Leu | UCA | Ser | UAA | 終止 | UGA | 終止 |
|   | UUG | Leu | UCG | Ser | UAG | 終止 | UGG | Trp |
| C | CUU | Leu | CCU | Pro | CAU | His | CGU | Arg |
|   | CUC | Leu | CCC | Pro | CAC | His | CGC | Arg |
|   | CUA | Leu | CCA | Pro | CAA | Gln | CGA | Arg |
|   | CUG | Leu | CCG | Pro | CAG | Gln | CGG | Arg |
| A | AUU | Ile | ACU | Thr | AAU | Asn | AGU | Ser |
|   | AUC | Ile | ACC | Thr | AAC | Asn | AGC | Ser |
|   | AUA | Ile | ACA | Thr | AAA | Lys | AGA | Arg |
|   | AUG* | Met | ACG | Thr | AAG | Lys | AGG | Arg |
| G | GUU | Val | GCU | Ala | GAU | Asp | GGU | Gly |
|   | GUC | Val | GCC | Ala | GAC | Asp | GGC | Gly |
|   | GUA | Val | GCA | Ala | GAA | Glu | GGA | Gly |
|   | GUG | Val | GCG | Ala | GAG | Glu | GGG | Gly |

＊最初の AUG は開始コドン．

ンが同一の意味をもつ場合が多い．これを**遺伝暗号の縮重**という．

> ### コドンの意味
>
> 遺伝暗号が解読されてから長い間，大腸菌からヒトまで，生物はすべて共通の遺伝暗号を使っていると信じられていたが，事実はそうでないことがわかった．原生動物のゾウリムシやテトラヒメナ，それに寄生性の細菌であるマイコプラズマでは，ふつうは終止のシグナルであるコドンをグルタミンなどの意味に使っていることが明らかになったからである．独立の生物ではないが，種によってはミトコンドリア内のタンパク質合成系でもコドンの意味が少し変えられていることがわかっている．

### 5・5・4 tRNAの役割

tRNAはヌクレオチド数80程度の短いRNAで，空間的に折りたたまれ，種類に応じて少しずつ違った形になっている．種類の違うtRNAは異なるア

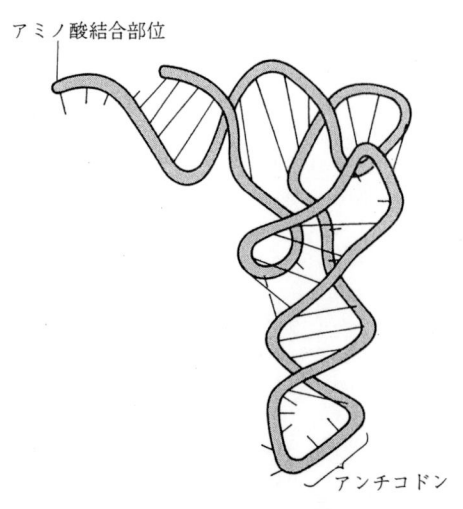

ミノ酸を結合して，mRNAに並んだコドンの意味に応じて，タンパク質合成の現場へ必要なアミノ酸を運び込む．

アミノ酸はATPに含まれるエネルギーを使って，tRNAの3′末端に結合される．

tRNAの塩基配列の中には，それが運ぶアミノ酸を意味するコドンの塩基配列と相補的な部分がある．これを**アンチコドン**とよぶ．コドンとアンチコドンの間には鍵と鍵穴の

図5・25 tRNAの分子構造

ような親和性があるから，tRNAがアダプターの役目をして，mRNAのコドンの意味するとおりのアミノ酸をタンパク質合成の現場へ運び込むことができる．

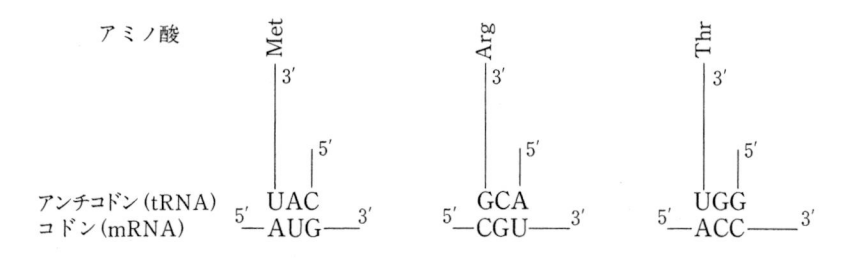

図5・26 コドンとアンチコドンの関係

### 5・5・5 タンパク質合成の場

タンパク質合成（厳密にはポリペプチドの合成）の場は細胞質にある**リボソーム**である．核内で遺伝子を転写してmRNAが合成されると，それは核孔を通って細胞質へ移行し，リボソームに結合する．mRNAには，端から端までアミノ酸の意味をもつコドンが並んでいるわけではない．5′末端にもっとも近い位置にあるAUGが，アミノ酸を意味する最初のコドン，つまり**開始コド**

ンである．この開始コドンが基準になって，どの3塩基ずつをコドンとするかという**読み枠（フレーム）**が決められる．2番目以降に出てくる AUG コドンは開始のシグナルにはならず，アミノ酸のメチオニンを意味する．

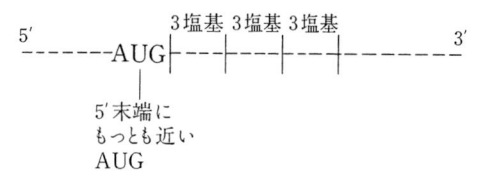

```
5'------AUG|---|---|---|------3'
         3塩基 3塩基 3塩基
   5'末端に
   もっとも近い
   AUG
```

**図 5·27　開始コドンと読み枠の指定**

開始コドンを認識すると，リボソームは mRNA 上を3'末端方向へコドン1つ分ずつ移動しながら，tRNA の運び込むアミノ酸を使ってポリペプチドの鎖を1つずつ伸ばしてゆく．やがて，リボソームが mRNA 上の終止のシグナル（**終止コドン**）に出会うと合成は終了し，ポリペプチド鎖が脱離するとともに，リボソームも mRNA から解離する．実際のタンパク質合成には，リボソーム，mRNA，アミノ酸と結合した tRNA（アミノアシル tRNA）の他に多数のタンパク質性因子が関係しており，莫大なエネルギーも必要である．

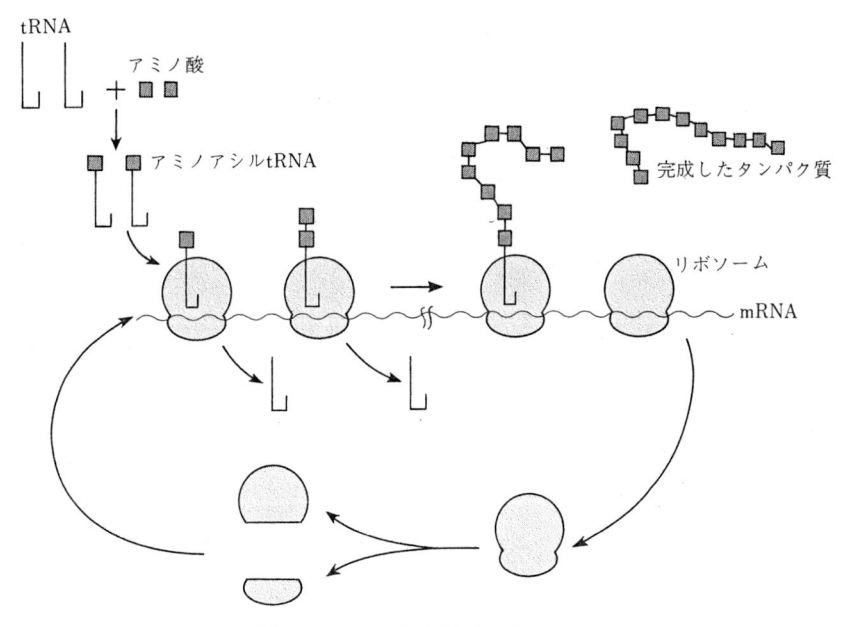

**図 5·28　タンパク質合成のあらまし**

リボソームが mRNA の 5′ 末端方向から 3′ 末端へ向けて移動する間に，ポリペプチドは N 末端から C 末端へ向かって合成される．開始コドン AUG にはメチオニンの意味があるので，合成されたばかりのポリペプチドの N 末端はつねにメチオニンである．

　実際にタンパク質合成の場では，1本の mRNA にいくつものリボソームが結合して，**ポリリボソーム**（ポリゾーム）とよばれる状態になっている．ポリリボソームでは，時間的に少しずつずれながら多量のポリペプチドが合成されてくる．タンパク質合成は，塩基で書かれた核酸語をアミノ酸で書かれたタンパク質語へ変換する過程なので**翻訳**とよばれる．

## 5・6　DNA の複製

　ふつう細胞分裂が起こると，もとと同じ細胞が2つできる．そのためには，あらかじめ DNA も 2 セットつくっておかなければならない．このように，1セットの DNA から同等の 2 セットの DNA をつくることを **DNA の複製**と言い，それを触媒するのは酵素 DNA ポリメラーゼである．

### 5・6・1　半保存的複製

　DNA の複製では，まず二重らせんが部分的に1本ずつにほどかれる．次に，それぞれの鎖を鋳型として，それと相補的な鎖が新たに合成され，新しい二重らせんが2セットできる．このような複製の方法では，新しくできた二重らせん DNA にはもとの鎖が1本ずつ保存されているので，**半保存的複製**とよばれる．半保存的複製は，あらゆる細胞の DNA 複製に共通した方法である．

### 5・6・2　岡崎フラグメント

　DNA の複製で新たに合成される鎖も，転写でできる RNA 鎖と同様につねに 5′ → 3′ の方向にしか伸びられない．このため，一方の鎖を鋳型とする複製は連続的に進行するが，他方の鎖は，5′ → 3′ の方向に短い鎖を合成し，後でそれをつなぎ合わせるという不連続的方法で複製を行う．このさいに，一時的に合成される短鎖 DNA は，発見者である日本人の名前にちなんで**岡崎フラグメント**（断片）とよばれている（図5・29）．

## 5·6 DNAの複製

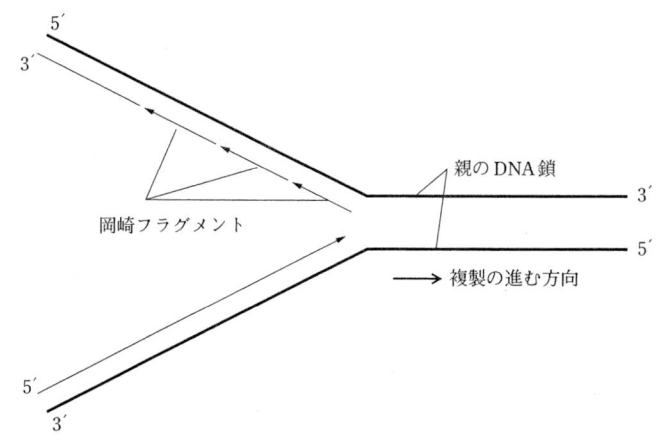

**図5·29　DNA複製と岡崎フラグメント**

## PCR法

　ベクターであるプラスミドやウイルスの，細胞内での自己複製能力を利用して，特定のDNA断片を増幅させるのがクローニングであるのに対し，試験管内で酵素の働きによってDNA断片を増幅させる技術をPCR（ポリメラーゼ連鎖反応）法という．

　理屈としては，試験管内で複製をくり返し行わせればDNAの増幅が可能なはずである．しかし，その場合のネックは，二本鎖DNAを解離させる過程である．細胞内ではこれは酵素の協同作業で行われるが，試験管内では90℃程度まで温度を上げるしかない．ところが，DNAポリメラーゼはタンパク質だから，ふつうそのような高温には耐えられない．

　そこで考えつかれたのが，温泉で増殖する細菌のもつ耐熱性の高いDNAポリメラーゼを利用する方法である．実際には，約70℃で酵素による複製をさせ，約90℃に上げて二本鎖を解離させ，ふたたび70℃で複製させる……というサイクルを30回ほどくり返すことによって，DNA断片を100万倍ぐらいまで増幅することができる．

　PCR法は1980年代後半に，あるアメリカ人大学院生の思いつきに基づいて開発された技術だが，DNA増幅法としてクローニングに比べて格段に迅速で，装置も簡便なので，今ではDNAを扱う世界中の研究室の基本技術と

なっている．PCR 法の最大の長所は，極微量の DNA があればことがたり，しかもさまざまな応用技術が開発されていることである．このためこの技術は，今では古代 DNA の解析などの学術研究ばかりでなく，犯罪捜査，親子鑑定など一般社会にも関係の深い技術となっている．

## まとめの問題

1. タンパク質の立体構造を決めているのは何か．
2. タンパク質の生体内での主要な働きは何か．
3. DNA と RNA は何が違うか．
4. 遺伝子と DNA の関係を説明せよ．
5. 核酸の相補性とはどのような性質か．
6. おもな RNA の種類と働きを説明せよ．
7. 無機触媒と酵素の働きの共通点と相違点を説明せよ．
8. 変性すると酵素が機能できなくなるのはなぜか．
9. 酵素のアロステリック部位とは何か．
10. ATP が細胞のエネルギー通貨とよばれる根拠は何か．
11. 好気呼吸と燃焼の共通点と相違点を述べよ．
12. 光エネルギーが化学エネルギーに転換される際，初めに起こるできごとは何か．
13. NADPH や NADH がエネルギーを貯えた状態の分子といわれる理由は何か．
14. クエン酸回路の反応では分子状酸素の消費は起こらないのに，酸素がないとこの回路が働かないのはなぜか．
15. シトクロムの働きを説明せよ．
16. 転写のときに DNA が「鋳型」になるとは，具体的にはどのようなことか．
17. イントロン，エキソンとスプライシングの関係を説明せよ．
18. mRNA の読み枠とは何か．また，それは何によって決められているか．
19. tRNA はどのような機構によって，コドンの意味どおりのアミノ酸をタンパク質合成の場へ運び込むのか．
20. タンパク質合成のことを翻訳というのはなぜか．

21. DNA の複製は，なぜ半保存的複製とよばれるのか．
22. 二重らせんを構成する 2 本の鎖の一方を鋳型とするときと，他方を鋳型とするときとで複製の行われ方が違うのはなぜか．

# 6 生物のはたらき II. 個体のいとなみ

　植物に特有の光合成を別とすれば，5章では生物や細胞の種類を問わず，ほぼ共通にみられる生物のいとなみの例をみてきた．この章では，そのような生化学的・分子生物学的機能を基礎としながら，生物種や生物を構成する器官の違いによって多様性に富む，より高次の生物のいとなみについて概観することにする．

## 6・1　植物のいとなみ

　植物の器官には根，茎，葉がある．根はふつう地中にのびることによって植物体を固着させ，支持し，水などの吸収の機能をはたし，また，維管束によって地下部における通道の役目をはたしている．茎は植物体を地上で支持するとともに，維管束による通道の役割が大きい．葉は平面的に広がって，太陽の光を受けやすい形になり，光合成を行うことにより，自らだけでなく，結果的には地球上のほとんどすべての生物の生存に不可欠な有機物の生産の場となっている．

図6・1　植物における水の移動

## 6·1·1 蒸散

植物体の表面からの水の蒸発のことを蒸散という．表皮が厚いクチクラでおおわれているふつうの植物では，蒸散は葉の裏側に多い気孔を通じて行われる．多くの植物で1日の蒸散量は，その植物体の重量またはそれ以上に達する．二酸化炭素や酸素の取り入れや排出を行うのも気孔である．

気孔は図 4·19 のような2つの孔辺細胞からなり，吸水すると開き，水を失うと閉じる．気孔の開閉はこのほかに，光，温度，二酸化炭素濃度や植物ホルモンの影響も受ける．

## 6·1·2 水分と有機物の移動

維管束は木部と師部からなり，根から水分とともに吸収される物質は木部の**道管**を，葉で生産される有機物は師部の**師管**を通じて移動する．

水分が根から道管を通じて数十mもある木の頂きにある葉まで運ばれるメカニズムは謎であるが，有力な説としては凝集力説がある．これは，水分子間の凝集力が十分強いため，根から葉に到るまでの長い水柱ができており，葉の気孔で蒸散がおこるとき，その水柱が引きあげられるという説である．

師管内の液流は，光合成を行う組織から送り込まれる有機物で内容を濃くしながら主として下降し，有機物を必要とするあらゆる部分へそれを配分する．この流れを**同化流**という．同化流は流れに接する細胞に，その内容をすべて分配してしまうのではなく，かなりの部分を末端まで保持してゆき，そこにある貯蔵組織に貯えるのがふつうである．

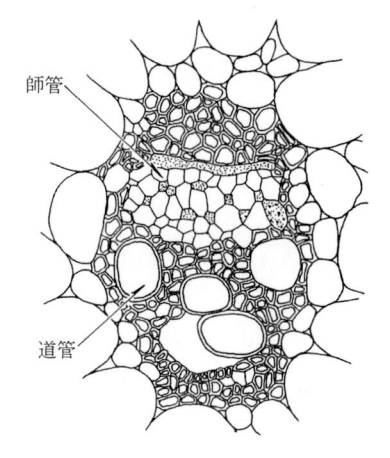

図6·2 茎（トウモロコシ）の横断面図

## 6·1·3 植物ホルモン

植物の成長は細胞の増殖とこれを支える物質合成に依存しているが，それには成長制御物質の働きかけが必要である．この種の物質は植物体内で合成さ

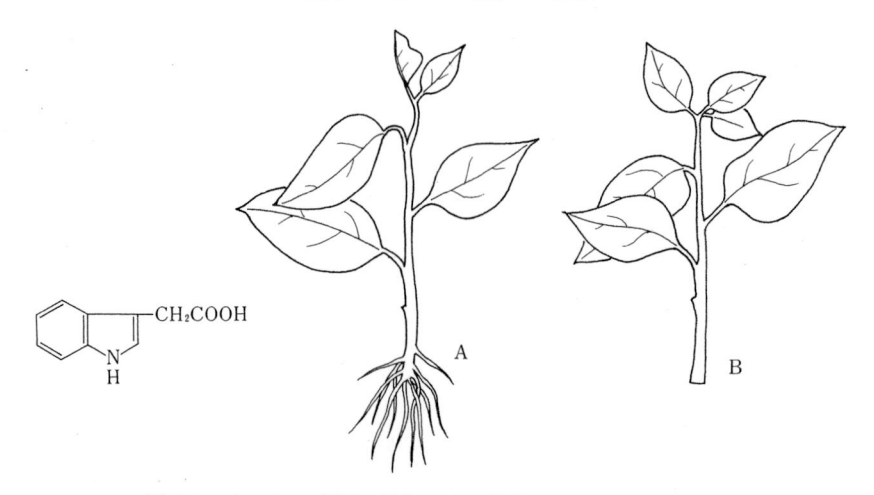

図6・3 インドール酢酸（左）とその効果．切り取った枝をインドール酢酸溶液（A）または水（B）につけた

れ，微量で作用を示すので植物ホルモンとよばれる．ただし，その分泌組織がはっきりと他の組織と区別できない点で，動物のホルモンとは異なる．

　**オーキシン**は細胞の伸長を促進して植物体を成長させる働きをもつ一連の物質の総称で，代表的なものは**インドール酢酸**である．頂芽などではオーキシンによる細胞の伸長促進が著しいが，根端では高濃度でかえって伸長は抑えられる．頂芽をつみとられて，そこからのオーキシンがこなくなると，側芽の成長が促進される．**ジベレリン**は，はじめイネの ばか苗病菌から取り出された物質だが，その後，高等植物でも合成されることが明らかになった．やはり細胞の伸長を促進する物質で，オーキシンと同時に与えたときに相乗効果を示す例が多い．

　**サイトカイニン**は酵母やタバコなどから抽出された物質で，細胞分裂を促進し，芽の形成を助ける．また，リグニンの生成を促すことによって細胞膜を木化させ，道管細胞を形成させる働きがある．**アブシシン酸**は一般にオーキシンの作用を阻害する働きがあり，また，成熟した果実の落果を促す作用がある．**エチレン**には果実の熟成や葉の早期落葉を促すなど，広い生理作用が知られている．**開花ホルモン（花成ホルモン）**は光周期の変化による刺激を受けた葉でつ

くられ，移動して花芽の形成に働くが，物質としてはまだ同定されていない．

### 6・1・4 春化と光周性

植物ははじめ葉芽のみをつくる栄養成長を行うが，ある時期がくると生殖成長を行うようになり，花芽をつくり，花をつける．栄養成長から生殖成長への切りかえの時期は環境条件によって決まる．

植物の中には栄養成長の時期に低温を経験しないと花芽形成を行えないものがある．たとえば，冬コムギを秋まくと翌夏に花をつけるが，春になってまくと植物体ばかりがさかんに茂り，いつまでも出穂しない．このように植物に冬の低温を経験させ，花芽形成の条件を与えることを**春化**（バーナリゼーション）という．

表6・1 短日植物と長日植物

| 短 日 植 物 | 長 日 植 物 |
|---|---|
| オナモミ | イノンド |
| ダイズ | サトウダイコン（一年生） |
| コスモス | ダイコン |
| タバコ | ヒヨス（一年生） |
| （メリーランド・マンモス種） | ホウレンソウ |
| キク | ムクゲ |
| ブタクサ | そのほか多くの夏咲きの一年生 |
| ショウジョウソウ | と二年生の植物 |
| そのほか多くの秋咲きの一年生植物 | |

植物が日々の日照時間の長短によって花芽形成に影響を受けることを光周性という．日照時間の短い条件で花をつける植物は短日植物で，オナモミ，コスモスなどがその例である．逆の長日植物はダイコン，ホウレンソウなど夏咲きの植物に多い．なお，光周性にとって重要なのは明期ではなく，暗期の長さであることがわかっている．

## 6・2 動物の器官系

一連の器官が協同して整合性をもった機能系を形づくる場合，これを器官系と総称する．器官系には消化系，呼吸系，循環系，排出系，生殖系などがあ

る．このうち，とくに複雑な器官系である神経系と内分泌系については，後に節を別に設けて説明する．

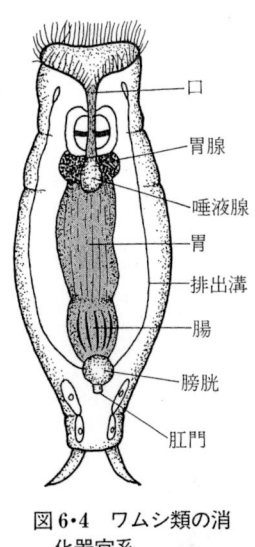

### 6・2・1 消化系

消化系は食物を取り入れて分解，吸収し，さらに不要物を排出するまでの総合的な機能をいとなむ器官系である．

消化器官系の主要部を形成する消化管は発生学的には**原腸**に由来する部分が大部分である．腔腸動物は原腸胚に止まった体制（7・4・2参照）をもつので，いわば原腸がそのまま消化管（腔腸）となっており，口や肛門などの分化はみられない．より高等な動物になると，口から肛門までの消化管の各部には，口腔，咽頭，食道，胃，腸などへの分化がみられるようになる．さらに高等な軟体動物や節足動物になると，消化管に開口する腺（消化腺）が付属するようになり，いっそう分化の程度は高くなる．

図6・4 ワムシ類の消化器官系

### 6・2・2 呼吸系

原生動物や下等な多細胞動物は，各細胞の必要とする酸素の吸収と二酸化炭素の排出(ガス交換)は，直接体表と環境の間で行われる．しかし，体制が複雑になるにつれ，ガス交換を専門に行う器官が発達してくる．呼吸系とはこの外呼吸を専門に行う器官系のことである．ただし，呼吸系をもつ動物でも，体表で行う皮膚呼吸や消化管の内面上皮で行う腸呼吸を併用している場合が多い．

動物の呼吸器官を大別すると，えら，肺および気管になる．いずれも突起やひだに富む薄い上皮をもち，その近くに体液を十分に供給して，空気または水と広い面積にわたって接触できるような構造になっている．

**えら**は水生の動物にみられ，水中に溶けた酸素を吸収し，体内に生じた二酸化炭素を水中に放出する器官である．広く無脊椎動物にみられるが，魚類や一部の両生類などにもある．**肺**は空気呼吸を行う脊椎動物に広くみられ，元来は

A. 魚類のうき袋

B. サンショウウオの肺

C. カエルの肺

D. は虫類の肺

E. 鳥類の肺

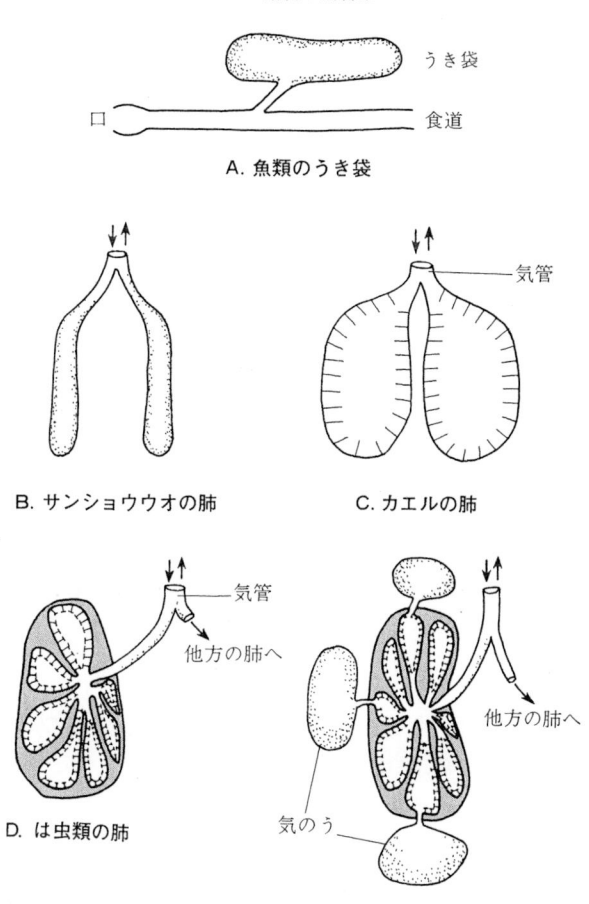

図 6・5 肺の進化

魚類にみられる比重調節のためのうき袋と同じ起源をもっている．**気管**は空気呼吸をする節足動物の多くのものにみられる呼吸器官で，とくに昆虫類でよく発達している．

### 6・2・3 循環系

循環系の役割は，養分，酸素，ホルモンなどを体内に輸送配分する一方，体内で生じた老廃物を排出器官にまで運搬することである．これによって，多細

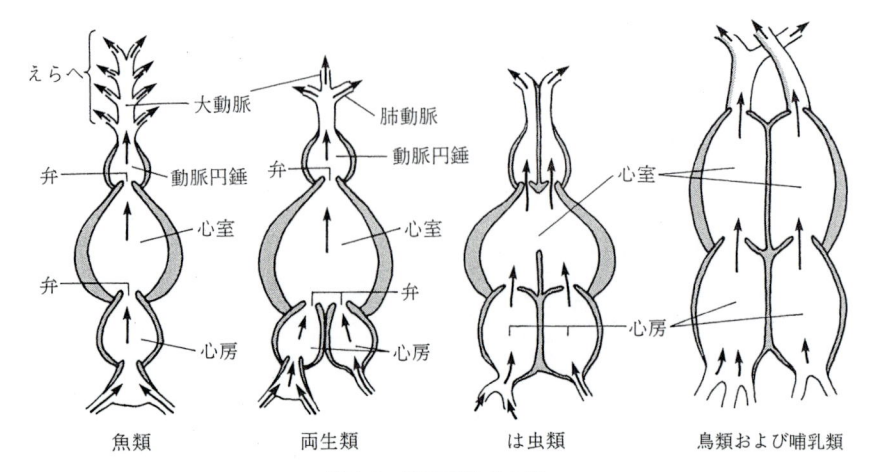

図6・6 脊椎動物の心臓

胞動物の個体に有機的統一性をもたせている．

血管系は大きく**開放血管系**と**閉鎖血管系**に分けられ，前者の典型例は節足動物にみられる．開放血管系では血液（体液）がいったん組織全体を浸しては血管にもどることをくり返している．これに対して，脊椎動物などの閉鎖血管系では，血液は常に血管内のみを循環している．ただし，脊椎動物のもつもう1つの循環系である**リンパ系**は開放系である．

### 6・2・4 排出系

排出系は，代謝の結果生じた，二酸化炭素以外の老廃物や水分を体外へ排出するための器官系である．原生動物にも，同様の役割をはたす収縮胞とよばれる細胞小器官が存在する．扁形動物，袋形動物など原体腔類のもつ排出器官は**原腎管**とよばれ，真体腔類でも大部分の無脊椎動物にみられるのは**腎管**である．原腎管または腎管をもつ動物は大部分が水中に住む群であり，これらの機能は老廃物の排出よりも，むしろ水分代謝，つまり体内の浸透圧調節の役目の方が主と考えられる．

体に有害な含窒素化合物を中心とした老廃物の排出をおもな機能としているのは**マルピーギ管**および**腎臓**である．マルピーギ管はおもに陸生の節足動物に特有の器官で，体液から尿酸などの窒素含有老廃物をとり，後腸へと送る働き

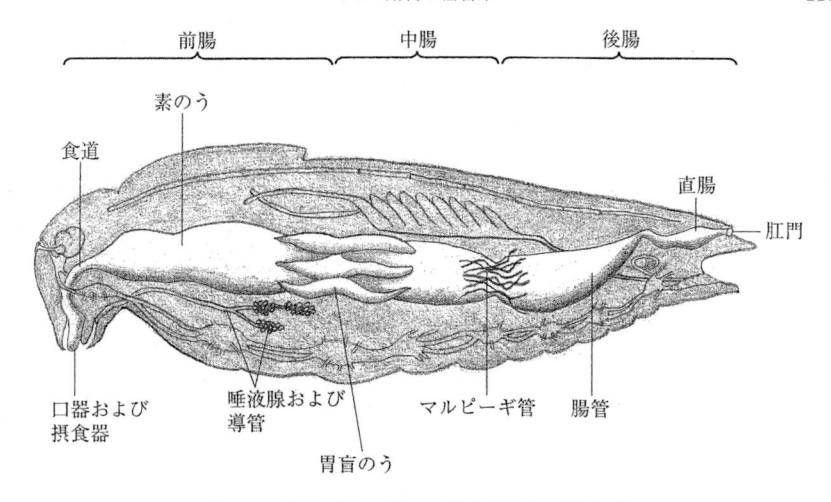

図6・7 昆虫（バッタ）の消化系および排出系

をしている．脊椎動物の腎臓はもっとも高度に発達した排出器官で，水分代謝とともに多くの老廃物の排出をつかさどっている．

### 6・2・5 生 殖 系

生殖系は**生殖細胞（配偶子）**の生産を行う**生殖巣（性巣）**を主要部分とし，

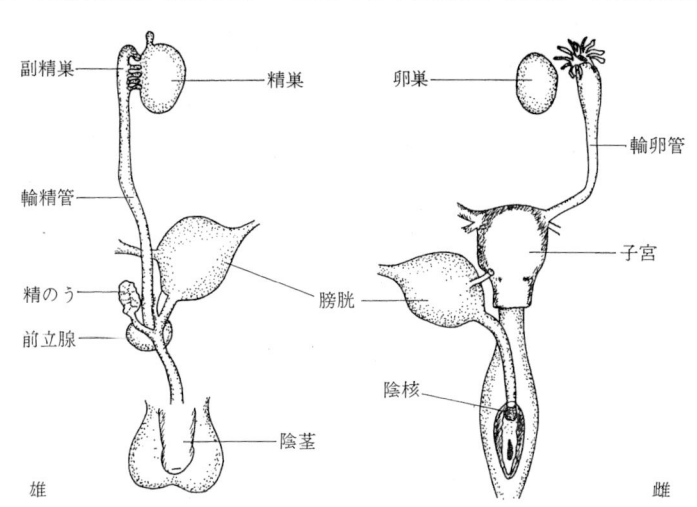

図6・8 哺乳類の生殖器官，生殖付属器官と膀胱

それに付随する輸管や付属腺などを含めた器官系である。無脊椎動物に多い雌雄同体の動物は両性腺で卵と精子の両方をつくるが、雌雄異体動物では生殖巣は卵巣と精巣に分化し、おのおの卵と精子を生産する（7・2参照）。

　無脊椎動物の場合は、一般に卵巣から輸卵管が直接出ているが、多くの脊椎動物では、卵巣と輸卵管は離れている。したがって、卵巣で形成された卵は一度腹腔に出てから、輸卵管の開口部を経て送られる。輸卵管の末端付近は種類によってはやや広くなり、子宮を形成している。子宮は哺乳類でとくに発達している。生殖系の末端は腟、交尾のうなどの交尾器となり、また産卵器となっているものもある。

## 6・3　神経系

　多細胞動物は環境からの情報や個体各部の情報を伝達、統合することによって個体全体がまとまった単位として行動できるようになっている。そのような情報伝達は神経系および内分泌系という2つの器官系によってになわれている。神経系による伝達は伝達速度が大きいことと、作用が一過的であることに特徴がある。

### 6・3・1　神経細胞

　神経系の基本単位は神経細胞（ニューロン）である。神経細胞の一部は細長く伸びて軸索（神経突起）を形づくり、その端が他の神経細胞、筋肉、分泌腺などに達している。神経組織はこのような神経細胞が次々と連なって全身にゆきわたったものである。

　神経組織は腔腸動物の段階ではじめてみられるが、これは**神経網**とよばれ、神経細胞間の連絡はあまり密ではない。より高等な動物になると、神経細胞の細胞体の部分がさまざまな箇所に集まって神経節をつくるようになる。これらの神経節が軸索で連絡しあった構造が、脊椎動物の脊髄や節足動物などの腹髄である（図4・18）。さらに高等になると、体の前方の神経節が集合して脳を形成し、体全体の情報の統合、制御が行われるようになる。神経細胞は感覚細胞から脳へ情報を伝える感覚神経、脳から筋肉などへ情報を伝える運動神経、脳

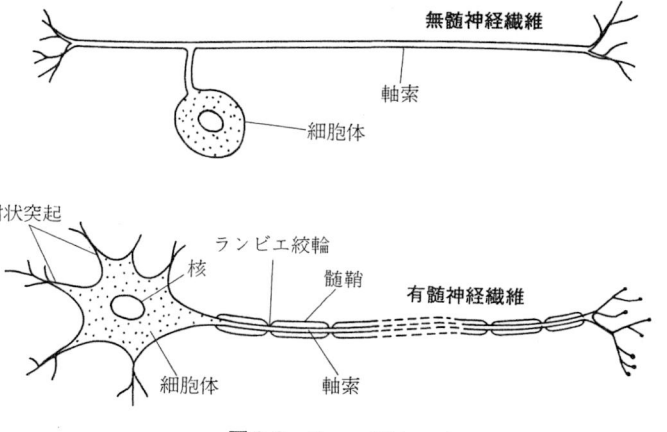

図6・9　ニューロン

内部での情報伝達を行うものなど，形態的にも機能的にもさまざまに分化している．

### 6・3・2　刺激と興奮の伝導

　一般に動物の細胞は環境の変化に応じて，一時的にその性質や働きを変える．このような環境変化を**刺激**といい，それによって起こる細胞の変化を**興奮**とよぶ．刺激を受けて興奮する細胞の集団は**受容器**といわれ，眼などがその例である．神経細胞は受容器に起こった興奮を引き継ぎ，**軸索**を通じて一端から他端へとそれを伝導し，最終的に興奮を**効果器**にまで伝える．

　神経細胞が興奮していない静止時には，ナトリウムイオンとカリウムイオンの分布のバランスによって，細胞膜の内側は外側に対して負の電位をもっている．刺激を受けると局部的に膜の性質が変わって，静止時とは逆に内側が正に

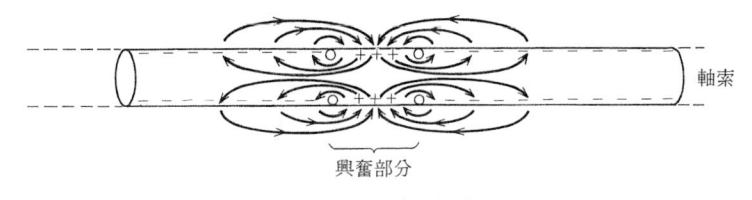

図6・10　興奮の伝導

帯電するようになる．これによって隣接部位とは電位が逆転するため，その間に局所電流が流れる．このことが次々と隣接部位へと波及してゆき，興奮は軸索に沿って伝導される．脊椎動物の有髄神経のように，軸索のところどころを残して絶縁性の**髄鞘**がおおっている場合には，興奮が絶縁部を跳び越えて跳躍伝導をするため，伝導速度が高くなる．

### 6・3・3 興奮の伝達

1つの神経細胞の軸索を伝導された興奮は，軸索の末端では他の神経細胞や筋肉などの効果器へ伝えられる必要がある．これを興奮の伝達という．一部の無脊椎動物を別とすれば，伝達は伝導とはまったく異なる化学的しくみによる．神経細胞同士の連絡部位を**シナプス**といい，興奮を伝える側の軸索の末端

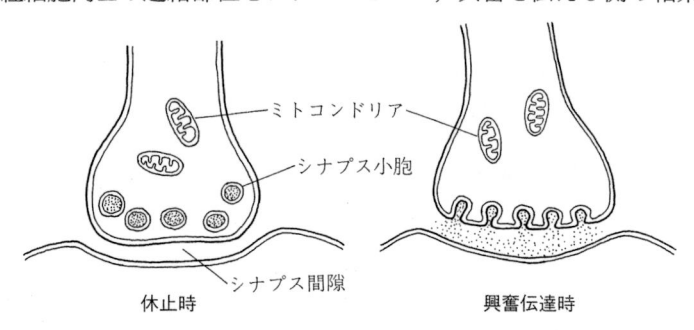

図6・11　シナプスにおける興奮伝達

の細胞質にはシナプス小胞とよばれる小さな袋が多数存在する．興奮がこの末端まで伝わると，シナプス小胞に含まれていた**神経伝達物質**が細胞の外へ出され，隣接する神経細胞に達してその膜を刺激し，興奮を伝達する．興奮が神経から筋肉などの効果器へ伝えられるときの，神経筋接合部における伝達も基本的に同じしくみによる．

神経伝達物質としては数種類の化合物が知られている．一般に，運動神経や副交感神経にはアセチルコリンが，交感神経にはノルアドレナリンが使われている（6・3・5参照）が，最近では，これら以外の神経伝達物質も多数発見されている．

## 6・3・4 中枢神経

脊椎動物の中枢神経は脳とその後方の脊髄とからなり，脳は**大脳**，間脳，中脳，小脳，延髄に分かれる．一般に高等な動物ほど大脳が発達している．大脳の表層は神経細胞の細胞体の集まっている部分で，大脳皮質とよばれる．このうちの新皮質とよばれる部分が，ヒトでは大部分を占めている．ヒトの新皮質には大脳全体の約3分の2を占める連合領とよばれる領域があり，運動と知覚を統合することにより，記憶，思考，判断，感情など高等な精神活動を可能にしている．

間脳，中脳，延髄をあわせて**脳幹**，これに脊髄をも含めたときには脳幹脊髄系とよび，意識とは無関係の反射や調節の中枢となっている．これは生命そのものの維持にはもっとも重要な部分で，動物実験によると大脳を除去しても生命は維持できるが，脳幹の除去はたちまち死をまねく．小脳は運動や体の平衡の中枢で，体全体の運動が整合

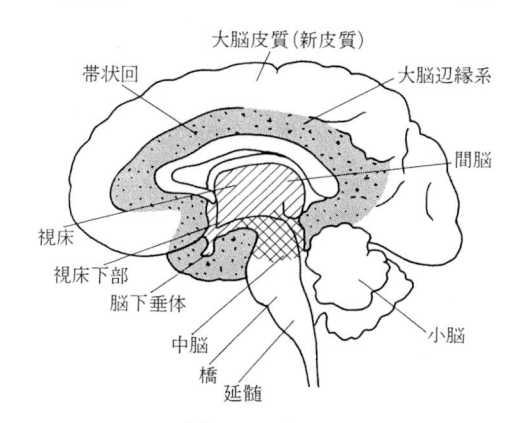

図6・12　大　脳

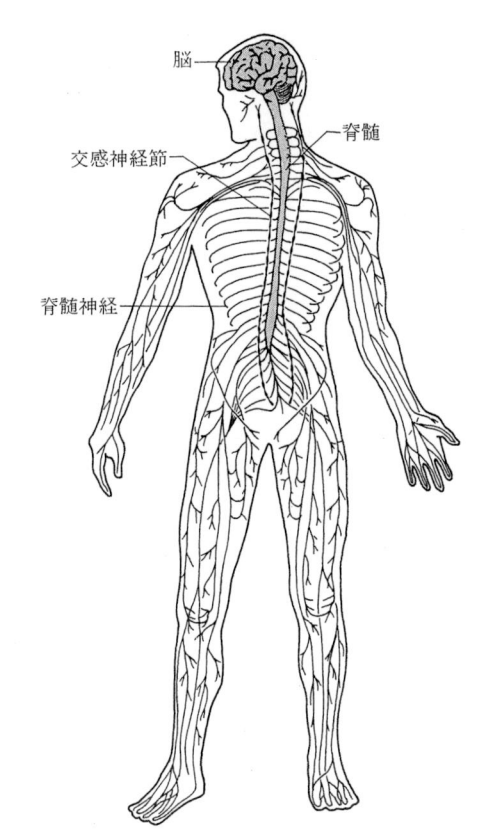

図6・13　ヒトの神経系

性のあるものになるよう調節している．脊髄は脊椎骨に保護されており，脳とその他の神経系を結んでいるばかりでなく，それ自身も統合機能をもっている．ただし，その程度は脳ほど高度なものではなく，発汗，排尿などの反射や，腱の反射などが主である．

### 6・3・5 自律神経系

脊椎動物の自律神経系は，意識とは無関係に内臓諸器官を整合的に機能させるよう調節する役目を負っている．自律神経には**交感神経**と**副交感神経**とがあり，各器官にはこれら2つの神経系が分布して，たがいに拮抗的に作用することによって機能を調整している．たとえば，心臓の拍動は交感神経によって促進され，副交感神経によって抑制される．逆に，胃や腸の消化運動は交感神経が抑制し，副交感末梢神経によって促進される．一般的には，内臓の調節の基調は副交感神経で決められ，交感神経がそれに変化をもたせていると考えられている．

ヒトのように大脳皮質の発達した動物では，自律神経の働きにも大脳からの影響が強く現れる．精神的な動揺が内臓，とくに消化系の変調をもたらすのはこのためである．

### 6・4 内分泌系

動物の体を統合調節する手段として，もう1つ大切なのが内分泌器官から分泌される**ホルモン**である．神経により伝えられ

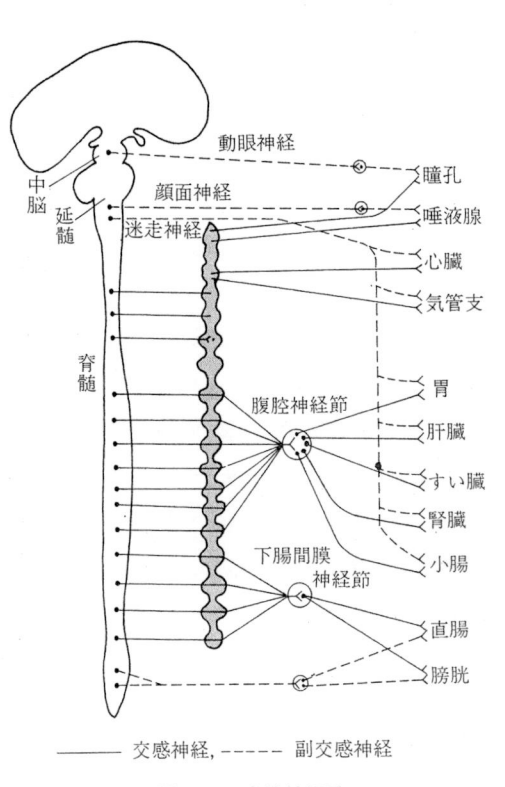

―― 交感神経，----- 副交感神経

**図6・14 自律神経系**

6・4 内分泌系

る情報を**神経情報**というのに対し，ホルモンは一般に血流を通じて伝えられるので**液性情報**といわれる．液性情報は神経情報と逆に，伝わり方はゆっくりしているが，その効果は継続的かつ不可逆的な場合が多い．このような違いを利用して，高等動物では目的に応じて神経情報と液性情報を使いわけながら調節が行われている．

### 6・4・1 内分泌腺と標的器官

ホルモンを分泌する機能をもつ器官を**内分泌腺**という．脊椎動物の代表的内分泌腺をヒトを例として図6・15に示した．汗，乳汁などを体外へ分泌する外分泌腺が分泌のための導管をもつのに対して，内分泌腺には導管がなく，ホルモンは細胞から体液（おもに血液）中に直接分泌される．ホルモンは血流によって運ばれてゆき，体の別の部分にある器官に作用をおよぼす．このホルモンの作用を受ける器官のことを**標的器官**という．ある内分泌腺を除去したり，それを傷害したりしたときに，欠損症状を示す器官があれば，それが問題の内分泌腺の出すホルモンの標的器官であると判断される．

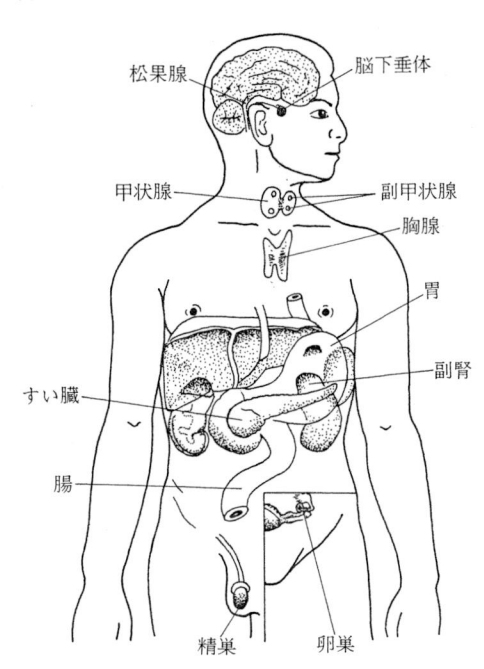

図6・15 ヒトの内分泌器官

### 6・4・2 ホルモンの種類

脊椎動物の代表的ホルモンを表6・2にまとめて示した．ホルモンは化学的にはタンパク質に属するものが多いが，特殊なアミノ酸からなるものもあり，また，副腎皮質や生殖腺から出されるもののようにステロイド系のものもある．

表6・2 脊椎動物のホルモンとその働き

| 内分泌器官 | | ホルモン | 主な作用 |
|---|---|---|---|
| 視床下部<br>(正中隆起) | | 成長ホルモン放出ホルモン (GRH)<br>副腎皮質刺激ホルモン放出ホルモン (CRH)<br>甲状腺刺激ホルモン放出ホルモン (TRH)<br>ろ胞刺激ホルモン放出ホルモン (FRH)<br>黄体形成ホルモン放出ホルモン (LRH)<br>泌乳刺激ホルモン抑制ホルモン (PIH)<br>色素胞刺激ホルモン放出ホルモン (MRH) | 脳下垂体前葉または中葉に働いて、そこからのホルモンの放出を促進または抑制する |
| 脳下垂体 | 前葉 | 成長ホルモン (STH, GH)<br>副腎皮質刺激ホルモン (ACTH)<br>甲状腺刺激ホルモン (TSH)<br>生殖腺刺激ホルモン (GTH)<br>　ろ胞刺激ホルモン (FSH)<br><br><br><br>　黄体形成ホルモン (LH)<br><br><br>泌乳刺激ホルモン(プロラクチン, LTH) | 骨、筋肉など組織の成長促進<br>副腎皮質ホルモンの分泌促進<br>甲状腺ホルモンの分泌促進<br><br>卵巣中のろ胞の成熟、LHとともに発情ホルモン分泌と排卵促進、精巣の細精管での精子形成促進<br>排卵、黄体形成、黄体ホルモンの生産促進、精巣よりの雄性ホルモンの分泌促進<br>乳腺よりの乳汁分泌、ハトの素乳分泌、母性本能促進、ネズミなどで黄体の機能維持 |
| | 中葉 | 色素胞刺激ホルモン (MSH) | 両生類黒色素胞の拡散、メラニンの合成 |
| | 後葉 | オキシトシン<br>バソプレシン(抗利尿ホルモン) | 子宮の収縮、乳汁分泌の促進<br>血圧上昇、腎臓での水の再吸収促進 |
| 松果腺 | | メラトニン | 生殖腺の成熟抑制、黒色素胞の凝集 |
| 甲状腺 | | チロキシン | 基礎代謝の上昇、両生類の変態促進 |
| 鰓後腺 | | カルシトニン | 血中カルシウムおよびリン酸イオンの減少 |

| 内分泌器官 | | ホルモン | 主な作用 |
|---|---|---|---|
| 副甲状腺 | | パラトルモン | 血中カルシウムの増加，リン酸イオンの減少 |
| すい臓ランゲルハンス島 | | インシュリン | 血糖低下，グルコースの消費促進，タンパク質・脂肪の合成促進，糖新生抑制 |
| | | グルカゴン | 血糖上昇，タンパク質・脂肪よりの糖新成促進 |
| 副腎 | 皮質 | 糖質コルチコイド＊（コルチゾン・コルチゾル等） | 炭水化物合成促進，タンパク質分解促進，消炎作用，抗アレルギー作用 |
| | | 鉱質コルチコイド＊（アルドステロン等） | 腎臓でのNaの再吸収促進，K排出 |
| | 髄質 | アドレナリン | 心拍増加，血圧上昇，血糖上昇，酸素消費増加 |
| | | ノルアドレナリン | 小血管の収縮，血圧上昇 |
| 精巣 | | 雄性ホルモン＊ | 雄の形態的，生理的特徴(性徴)の発現 |
| 卵巣 | | 発情ホルモン＊ 黄体ホルモン＊ | 雌の性徴の発現 妊娠成立と維持，性周期の抑制 |
| 胃 | | ガストリン | 胃液の分泌促進 |
| 腸 | | セクレチン コレシストキニン(パンクレオチミン) | すい液の分泌促進 すい臓酵素の分泌促進 |
| 種々の組織 | | プロスタグランジン＊＊ | 子宮の収縮，黄体ホルモンの分泌抑制，血圧降下 |
| 胎盤 | | ヒト絨毛性生殖腺刺激ホルモン（HCG） ヒト絨毛性成長ホルモン―プロラクチン（HCGP） 妊馬血清生殖腺刺激ホルモン（PMS） 発情ホルモン＊ 黄体ホルモン＊ | LHと類似の作用 成長ホルモンとプロラクチンの作用 FSHと類似の作用 |

＊　ステロイドホルモン
＊＊　脂肪酸由来，他のホルモンはタンパク質またはアミノ酸由来

プロスタグランジンのように脂肪酸由来のものもある．

内分泌系は脊椎動物でよく発達しているが，無脊椎動物にも多くのホルモンが知られている．とくに昆虫の脱皮や変態を促すステロイド系のエクジステロイド，それと拮抗的に働く脂肪酸系の幼若ホルモンについては詳しく研究がなされている．

### 6・4・3　脳下垂体

脳下垂体は脳の下部にある小さな器官だが，これから分泌されるさまざまのホルモンは他の内分泌腺の活動を支配しており，その意味ではもっとも重要な内分泌腺といえる．

脳下垂体は前葉，中葉，後葉ならびに正中隆起からなっている．このうち，正中隆起と後葉は神経組織と内分泌腺双方の性質を兼ね備えており，神経情報を液性情報へ転換させる役割をもっている．鳥類などは，日照時間の増加という刺激を受容器が受け，神経の興奮として伝えられた後にホルモンの分泌が促され，生殖細胞が成熟して繁殖期を迎える．この意味で，神経情報の液性情報への転換の重要性はとくに顕著だが，哺乳類の体の統合的調節にとっても，この情報転換は同じように重要である．

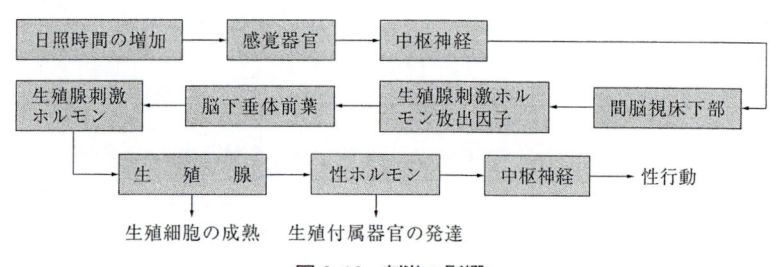

図6・16　刺激の影響

この転換を行うのは，細胞体が脳の視床下部にあり，軸索を正中隆起に伸ばしている**神経分泌細胞**とよばれる神経細胞である．興奮が伝達されると，この細胞は軸索の末端からさまざまのホルモンを分泌する．これらのホルモンは前葉または中葉に働きかけ，そこからのホルモンの分泌を促進または抑制する．視床下部にあるもう1種類の神経分泌細胞は軸索を後葉に伸ばし，刺激に応じ

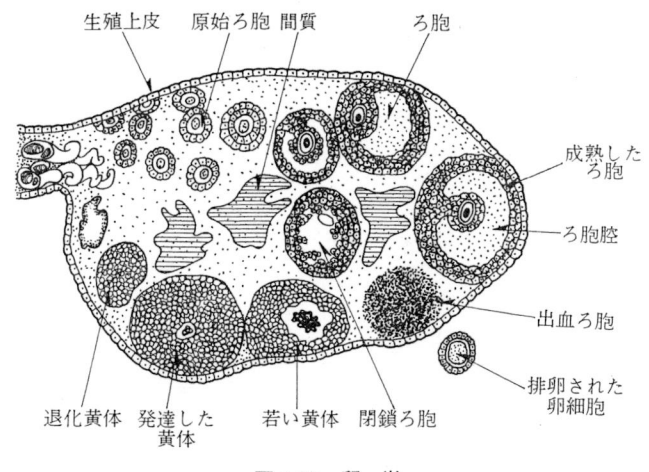

図6·17　卵　巣

てオキシトシンやバソプレシンを分泌する．

前葉は放出または抑制ホルモンの影響の下に，成長ホルモンや，他の内分泌

---

### ピル（経口避妊薬）

　経口避妊薬の有効性の原理はホルモンのフィードバック機構に根拠をおいている．卵巣内のろ胞が成熟すると排卵が起こるが，排卵のきっかけは一過的に存在する多量の黄体形成ホルモン（LH）である．排卵後のろ胞は黄体に変わり，そこから分泌される黄体ホルモンが脳下垂体前葉からのLHの分泌を抑える．通常は2週間で黄体は退化し，この抑制は解かれるが，妊娠すると妊娠黄体および胎盤から分泌される黄体ホルモンによって，LH分泌の抑制が継続される．

　ピルの主成分は人工黄体ホルモンであり，これを服用し続けることによって，妊娠時同様にLHの分泌を継続的に抑え，それによって排卵は効果的に抑えられる．実際のピルには人工発情ホルモンも添加されており，そのフィードバックによってろ胞の成熟そのものも抑えられる．ピルの目的に使われる人工黄体ホルモンには，天然物の2000倍の効力をもつものもあるといわれている．

腺に働きかけて特定のホルモンの分泌を促すホルモンを分泌する．中葉からは色素胞刺激ホルモンが分泌される．

このように体の各部の内分泌腺は脳下垂体からのホルモンの支配を受けているが，それらの器官からのホルモンも逆に脳下垂体へ働きかけている．たとえば，卵巣から多量の発情ホルモンが分泌されると，それが脳下垂体へ働きかけて発情ホルモンの分泌を促すホルモンの分泌を抑制する．このような**フィードバック機構**は体内のホルモンバランスを保つうえできわめて重要である．

### 6・4・4 ホルモンの作用機構

ホルモンが特定の標的器官に作用するのは，その器官にだけホルモン分子と結合できるタンパク質因子，**受容体（リセプター）**をもつ細胞が存在するからである．タンパク質性のホルモンは細胞膜を透過しにくいために，その受容体

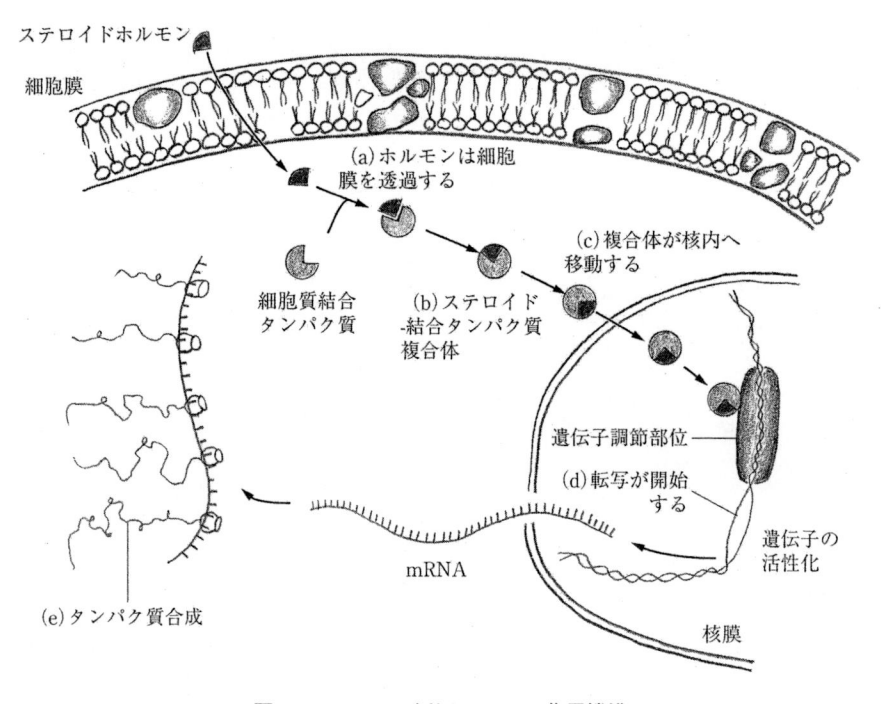

図 6・18 ステロイドホルモンの作用機構

は一般に細胞表面に存在する．受容体がホルモンを結合することにより少し構造を変えると，その情報が第2，第3の情報伝達物質を介して細胞内へ伝えられ，最終的に特定の遺伝子の発現を促す．

一方，細胞膜を通りやすいステロイド系のホルモンの受容体は細胞内に存在する．ホルモンを結合した受容体分子は核内で特定の遺伝子に結合して，その発現を促す．

このように，ホルモンは直接または間接に，受容体をもつ細胞の遺伝子発現系に働きかけ，特定のタンパク質の合成を促進する機能をもっている．

## 6・5 免疫系

生物は異種ならびに同種の他個体を含め，さまざまな異物に取り囲まれて生活している．このため，それらと自己とを明確に区別するしくみをもたないとアイデンティティーを保持することが不可能である．ふつう免疫系というときには，脊椎動物のもつ，このような自己・非自己の識別機構のことをさしているが，無脊椎動物にも広い意味での免疫機構は存在する．免疫系には，本来自己成分であっても不必要となったものや変質した部分を処理する働きもある．免疫は一種の防衛機構であるが，それが誤作動したり，過剰に働いたりすると**自己免疫病**や**アレルギー症**がもたらされる．

### 6・5・1 抗原と抗体

免疫系の主役は抗体である．哺乳類などの体内に異物が侵入すると，抗体という特殊なタンパク質が生成される．侵入して抗体をつくらせる物質を一般に抗原という．抗原になりうる物質はタンパク質，多糖類，核酸などで，大体分子量1万以上の分子である．細菌などの微生物が侵入したときには，それらの細胞表面にある分子を抗原と認識して複数の種類の抗体がつくられる．抗体の特徴は侵入した抗原分子の違いに応じて異なること，つまり特異的な分子が生成されることである．

抗体は抗原と出会うとそれを結合して凝集反応を起こし，やがてその凝集物は大型白血球の食作用によって分解される．ある病原菌に一度感染して，それ

に対する抗体ができていると，二度目に同じ菌に感染しても発病しにくいのはこのためで，これがジェンナーの種痘にはじまる**ワクチン**の原理でもある．また，二度目に同じ抗原が侵入すると速やかに反応する機構として，初めの感染によって記憶細胞が残されることもわかっている．

### 6・5・2　抗体の構造

抗体の化学的本体は，血清中のグロブリンとよばれるタンパク質の1種である免疫グロブリン（Ig）である．両生類以上の脊椎動物で主要な**免疫グロブリン**はIgGだが，IgM，IgA，IgD，IgEという，これと少しずつ異なる分子も知られている．抗体分子は4本のポリペプチド鎖からなり，図6・19のように

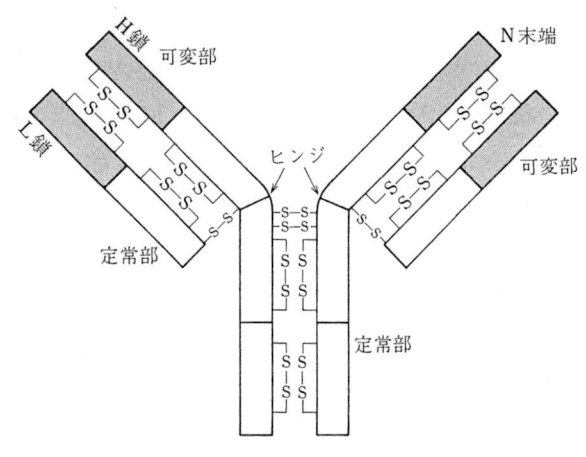

図6・19　抗体の構造

短い鎖（L鎖）と長い鎖（H鎖）を1対ずつ含んでいる．抗体分子の中には**不変（定常）領域**と**可変領域**とがあり，不変領域のアミノ酸配列はどの抗体でも同一である．これに対して，可変領域は抗体ごとに異なる．侵入した抗原に応じて可変領域のアミノ酸配列の違った抗体がつくられるからである．抗体はこの可変領域で抗原と特異的に結合するが，可変領域が1分子に2個ずつある関係で，抗原抗体複合体は図6・20のように凝集して沈殿する．

自然界には抗原となりうる物質は何千万種類，あるいはそれ以上存在する．これらのうちのどれが体内に侵入しても，それに対して特異的抗体をつくれる

よう，われわれの免疫系には備えができている．しかし，ヒトのもつ遺伝子の種類はせいぜい3.5万であるから，各抗体タンパク質がみな別々の遺伝子でコードされているわけではない．実際には，いくつかの遺伝子断片の組合わせをいろいろに変えることによって，多様な抗体がつくられることがわかっている．

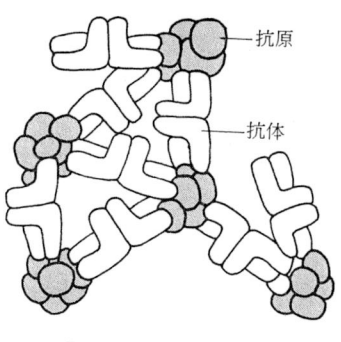

図6・20　抗原抗体反応

### 6・5・3　細胞性免疫

抗体による免疫機構を体液性免疫とよぶのに対して，特殊な細胞そのものが関与する免疫機構を細胞性免疫という．細胞性免疫に関わるのは，胸腺で成熟分化した**リンパ球**とよばれる細胞である．細胞性免疫の現象は臓器移植の場合に典型的にみられる．ある動物の皮膚に系統の異なる動物の皮膚片を移植すると，移植片はやがて変質して脱落してしまう．この拒絶反応は二度目の移植ではより速やかに起こる．また，一度他の移植片を拒絶した個体のリンパ球を同系統の他個体へ移入させると，その記憶が伝えられる．しかし，血清を移入し

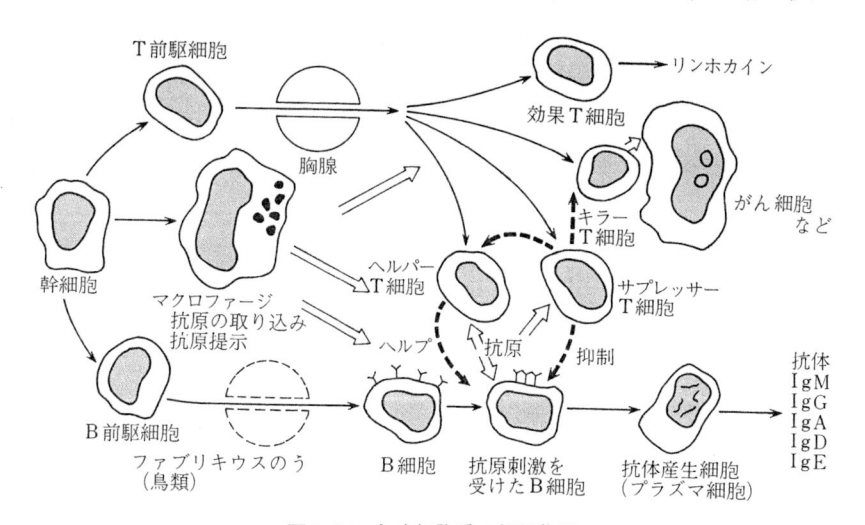

図6・21　免疫細胞系の相互作用

た場合には記憶は伝えられず，自己と非自己を識別しているのは，この場合リンパ球そのものであることがわかる．結核菌に感染した個体に，結核菌の培養液から調製したツベルクリン液を注射すると，やがてその部分が赤くはれる．これも抗体によらない細胞性免疫反応の一例である．

細胞性免疫に関与するリンパ球はT細胞とよばれるが，これは細胞表面に抗体に似たタンパク質を結合しており，このタンパク質が特異的に異物を識別することによって，T細胞が移植片などを攻撃することが明らかになっている．

### 6・5・4　免疫細胞の相互作用

抗体の産生には少なくともT細胞とB細胞という2種類のリンパ球が関与している．両方とももともとは骨髄の**幹細胞**（さまざまな細胞に分化できる可能性をもつ細胞）に由来するが，T細胞は前駆細胞が胸腺に入って分化するのに対し，B細胞は胸腺へは入らない．T細胞は多様な働きをする細胞へ分化し，その1つは前節に述べた細胞性免疫のにない手である．抗体を産生するのはB細胞であるが，それを促したり，抑制したりするのは，別のタイプのT細胞である．抗原を認識したB細胞はT細胞の調節を受けて分裂・増殖し，抗体産生細胞である形質細胞へと分化し，抗体を分泌するようになる．

## まとめの問題

1. 植物における水分と有機物の移動のあらましを述べよ．
2. 植物ホルモンと動物ホルモンの共通点と相違点をあげよ．
3. 植物の光周性で重要なのが暗期の長さであることは，どのような実験をすれば確かめられるか．
4. 消化系の働きのあらましを述べよ．
5. 呼吸器官としての肺とえらの共通点と相違点を述べよ．
6. 水中に住む動物にとって浸透圧調節はなぜ大切なのか．
7. 開放血管系と閉鎖血管系の違いを述べよ．
8. 興奮の伝導と伝達の基本的違いは何か．

9. 神経情報と液性情報の質的違いを述べよ．
10. 自律神経とは何か．
11. 神経情報から液性情報への転換は，具体的にはどのようにして行われるか．
12. 脳下垂体前葉を損傷すると，さまざまな欠損症状が現れるのはなぜか．
13. ホルモンのフィードバック機構とはどのようなものか．
14. タンパク質性ホルモンとステロイドホルモンの作用機構における共通点と相違点は何か．
15. 抗原の種類に応じてさまざまな抗体がつくられるが，それらはたがいにどこが違うのか．
16. 細胞性免疫と体液性免疫の共通点と相違点を述べよ．

# 7 生物の殖えかた

　どんな生物であっても，個体はいつまでも生存し続けるものではない．個体の生存期間には種により，またときには個体により著しい差違があるものの，それには自ずから一定の限度がある．しかし，生物の種が絶えることがないのは，それぞれの個体が次の代，つまり子をつくり，子孫を残してゆくからである．この現象を生殖という．生殖によって，生物は常に自分とまったく同じものを複製し，残してゆくとは限らない．それがどの程度同じで，どの程度異なるかが遺伝の問題であり，さらにそれは長い時間の流れとともに，生物の進化へもつながっている．

## 7・1　性と生殖

　性は必ずしも雌と雄，あるいは女性と男性の問題ではない．生物学の定義に従えば，「性」とは，細胞同士の接着を通じて遺伝子の組合わせを変えるしくみのことである．この定義によって，性というものを細菌からヒトまで包括的に理解することが可能になる．性と生殖は表裏一体をなす場合と，2つが独立に営まれる場合とがある．

### 7・1・1　無性生殖

　生殖にあずかる特別な細胞（配偶子）を生ずることなく，一般に分裂や出芽とよばれる様式で子孫を残す生殖方法を無性生殖という．分裂の基本的様式は単細胞の生物にみられる．細胞が2つにくびれて，ほぼ同形，同大の娘細胞を生ずるのを二分裂といい，多くの細菌や原生生物は通常この様式で増殖する．核だけが分裂をくり返した後に，一度に多数の細胞に分かれる場合は複分裂とよばれる．複分裂で生ずる細胞は，波動毛をもち運動性があれば**遊走子**，運動性がなく，被膜におおわれているものは**胞子**といわれる．分裂して生じた細胞

アメーバの二分裂

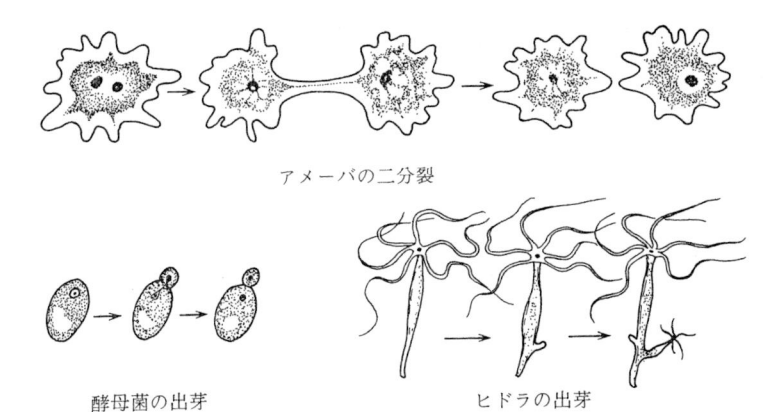

酵母菌の出芽　　　　　　　ヒドラの出芽

図7・1　二分裂と出芽

に著しい大小がある場合には**出芽**といい，酵母にその例がある．

　後生動物にもこれらに対応する生殖様式がみられる．ヒドラ，プラナリア，ミミズなどでは体が分断されても，それぞれが完全な個体になるし，ヒドラでは体の一部が盛りあがって芽を構成し，それが出芽して新たな個体になる．コケやシダのような植物では，生活環のある時期に胞子が多数形成される．

　子孫のこのような殖え方からすぐわかるように，無性生殖で生じた子の遺伝子構成は親とまったく同一である．

### 7・1・2　有性生殖

　有性生殖はおもに雌雄がはっきり分化している種においてみられる．有性生殖では，雌から生じた配偶子（**卵**）

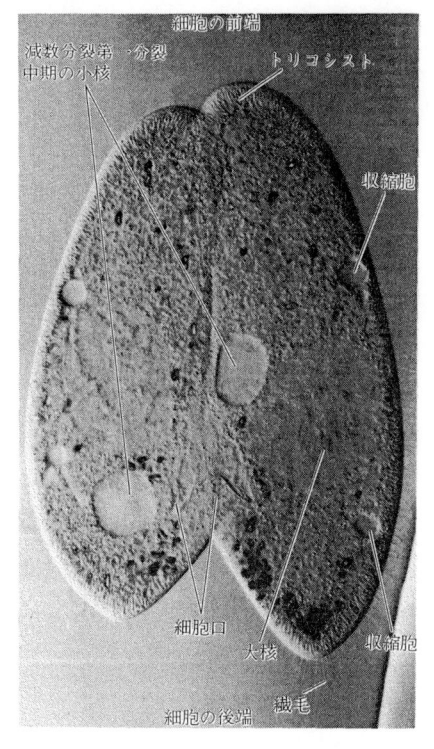

図7・2　ゾウリムシの接合（微分干渉顕微鏡写真，藤島政博氏提供）

と雄から生じた配偶子（**精子**）が合体することによって接合子となり，発生を通じて新しい個体をつくる．雌雄の配偶子を用いた有性生殖はとくに**両性生殖**といわれる．基本的には雌雄の配偶子があるにもかかわらず，一方だけ（実際には卵の場合しか知られていない）で発生が進んで新しい個体をつくる現象は**単為生殖**とよばれる．ワムシ，ミジンコ，アブラムシでは，これが通常の生殖様式である．魚類やは虫類でも単為生殖するものが知られている．単為生殖は有性生殖の1つの変形である．

特別に配偶子をつくらない生物にも有性生殖はみられる．原生動物の繊毛虫類（ゾウリムシなど）は，通常は無性生殖で増殖するが，飢餓状態になると，接合型の違う細胞同士が**接合**を行い，核の一部を交換し合うことにより，遺伝子の組合わせを変えた個体になる．ただし，接合は性を利用してはいるが，直接それによって個体数が殖えるわけではないから，厳密には生殖とはいえない．

無性生殖とは対照的に，有性生殖で生ずる子は原則として親とは違った遺伝子構成をもつことになる．

### 7・1・3 雌 と 雄

後生動物の雌と雄は，生殖巣として卵巣をもつか精巣をもつかで判別されるが，無脊椎動物では同一の個体に両性の生殖巣をもつ雌雄同体のものがかなりみられる．このような場合，自然界ではいずれか一方が先に成熟して配偶子を放出し，同一個体内の雌雄配偶子間の合体を妨げるしくみをもつのがふつうである．雌性先熟か雄性先熟かは種によって決まっている．

多くの種子植物は雌雄同株で，しかも雌しべと雄しべの双方をもつ両性花をつけるが，アオギリやウリ類のように雌花，雄花の分化した単性花をつけるものもある．さらにイチョウやアオキのように，雌木，雄木に分かれて雌雄異株のものもある．

### 7・2 配偶子形成

両性生殖を行う生物では，雌雄の配偶子，つまり**卵**と**精子**が形成される．その際には，減数分裂によって染色体数が半減されるとともに遺伝子の組合わせ

7·2 配偶子形成

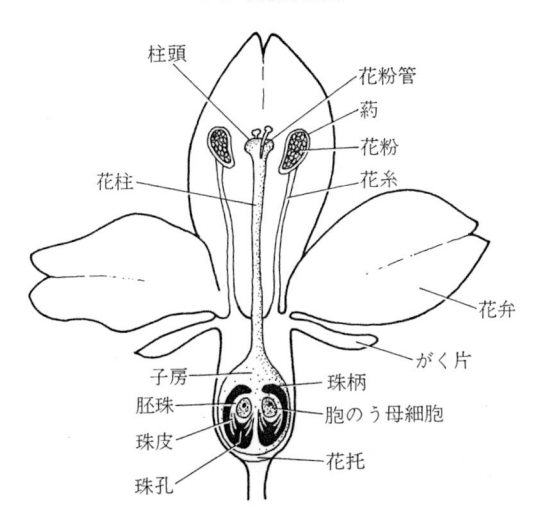

図7·3 被子植物の花（縦断面図）

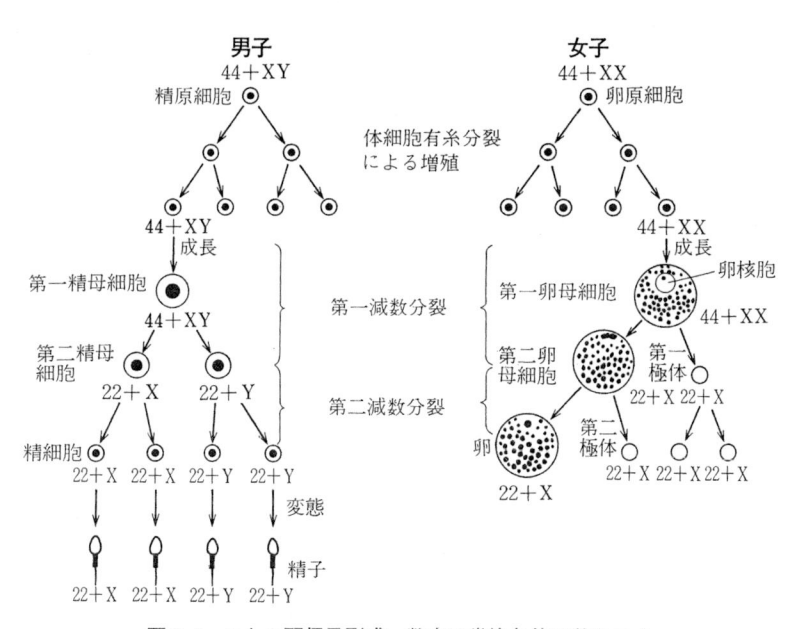

図7·4 ヒトの配偶子形成．数字は常染色体の数を示す

も決められる．

### 7・2・1 配偶子形成過程のあらまし

多細胞生物の細胞は，体細胞と生殖細胞の2つの系列に分けられる．両生類などのように，発生以前にすでに，将来生殖細胞に分化すべき部分が局在している例もある．その部分から生じた特定の細胞は胚発生の途上で，生殖巣をつくりつつある部分へ移行し，やがて配偶子へと分化する．この特定の細胞のことを**始原生殖細胞**という．

始原生殖細胞に由来する**卵原細胞**や**精原細胞**は，それぞれ卵巣や精巣の中で分裂をくり返して増殖する．これは通常の体細胞分裂と変わりはない．この結果，卵巣では第一**卵母細胞**ができ，ある時期になると，母体から栄養を取り込んで卵黄を貯え，大きく成長する．十分成長した第一卵母細胞は**減数分裂**（後述）を行って卵を形成する．減数分裂の第一分裂は極端な不等分裂で，ほとんどもとのままの大きさの第二卵母細胞と，実質的には核のみからなる第一極体になる．第二分裂も同様の不等分裂で，1個の卵と1個の第二極

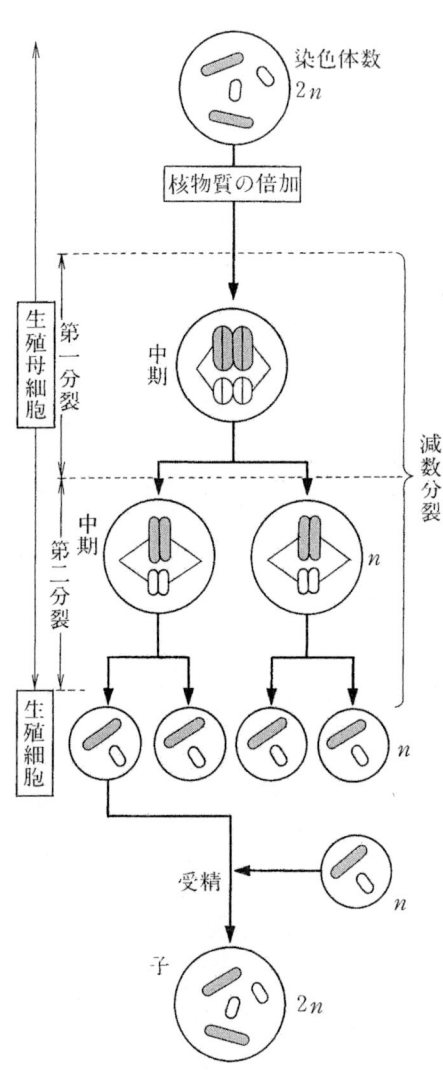

図7・5　減数分裂から受精へ至る過程の染色体の動き（$2n=4$の場合）

体が形成される．第一極体は分裂しないことも多い．このようにして卵原細胞1個からは1個の卵ができる．

精巣では，ほぼ同様の過程で精原細胞から**精細胞**が形成される．ただし，この場合は等分裂をするので，1個の精原細胞から4個の精細胞ができ，おのおのはその後の精子完成過程を経て精子へと変態する．

### 7・2・2 染色体と減数分裂

体細胞にある染色体を形態に基づいて分類すると，大部分が似たもの同士の対になることがわかる．この似たもの同士をたがいに**相同染色体**という．男子には，相同染色体ではない一組の染色体がある．これらは**性染色体**で，XおよびY染色体とよばれる．女子の性染色体は1対のX染色体なので，これらはたがいに相同である．性染色体以外の染色体は**常染色体**とよばれる．

---

**ライオニゼーション**

ヒトを含む高等哺乳類の雌（女子）では，X染色体は対として存在するから，たがいの関係は常染色体における相同染色体に当たる．ところが，後者と違ってX染色体では，どちらか一方が実際には機能を失って，核内で凝縮し，特有の構造体をつくっている．この構造体は光学顕微鏡でも観察可能なため，ヒトでは女子であることのシンボルとして，一時は運動選手などのいわゆるセックスチェックに使われていた．このようなことが起こるのは，X染色体が2本あると発生のさいに一方が不可逆的に不活性化されるからで，この現象をライオニゼーションという．

ライオニゼーションによって，雌（女子）も実質的にはX染色体を1本しかもたないことになる．しかし，どちらのX染色体を不活性化するかは細胞ごとにランダムに決められるので，雌の体はたがいに異なるXをもつ2種の体細胞からなるモザイクとなる．このため，一方のXに有害遺伝子が含まれても，他方のXが正常であれば，有害遺伝子の効果は軽減され，実際にX染色体を1本しかもたない雄（男子）の場合のように深刻な影響がもたらされることはない．

---

どの相同染色体についても，一方が母親由来ならば，他方は父親由来であり，同じ形質に関する遺伝子を同じ順序に並べてもっている．これは，体細胞

が1つの形質に関する遺伝子を重複してもっていることを意味し，このような細胞を**二倍体**とよび，$2n$で表す．減数分裂は$2n$の細胞から$n$の細胞，すなわち**一倍体**をつくる過程である．

減数分裂は2回の細胞分裂からなり，その間に染色体の複製は1回しか起こらないために，染色体数の半減した，つまり$n$の細胞ができる．この際には，まず相同染色体同士がたがいに対合を起こして**二価染色体**とよばれる状態になるが，それ以前におのおののDNAの複製が終わっているので，二価染色体は実際には4つの部分からなっている．減数分裂の第一分裂においては，二価染色体は相同染色体同士の対合面で分かれるのがふつうで，この結果，それまで対で存在していた相同染色体が2つの細胞へ振り分けられることになる．第二

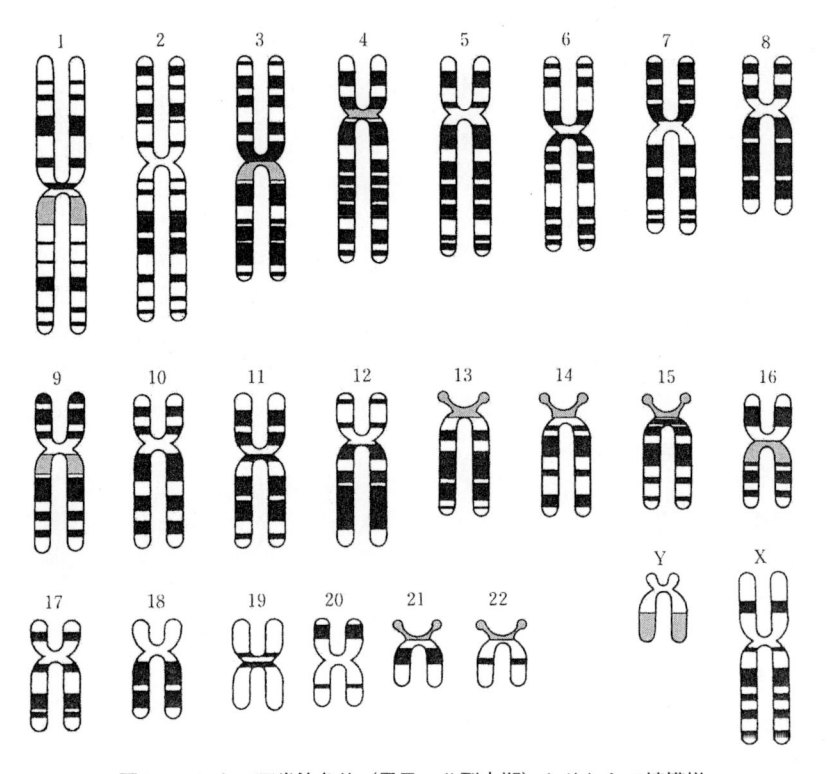

図7・6 ヒトの正常染色体（男子，分裂中期）とそれらの縞模様

分裂では，すでに複製の終わっていた各染色体が2つに分かれて新しい細胞へ入るので，基本的には体細胞分裂と同じである．

### 7・2・3 減数分裂の遺伝的意義

減数分裂の意義は $2n$ の細胞から $n$ の細胞をつくるだけではない．$2n$ の卵母細胞や精母細胞は，おのおの両親に由来する染色体セットを対にしてもっており，染色体の組成は，体細胞同様にすべて均一である．これに対し，減数分裂を経てつくられた $n$ の細胞はそれぞれに染色体組成が異なる．これは次の

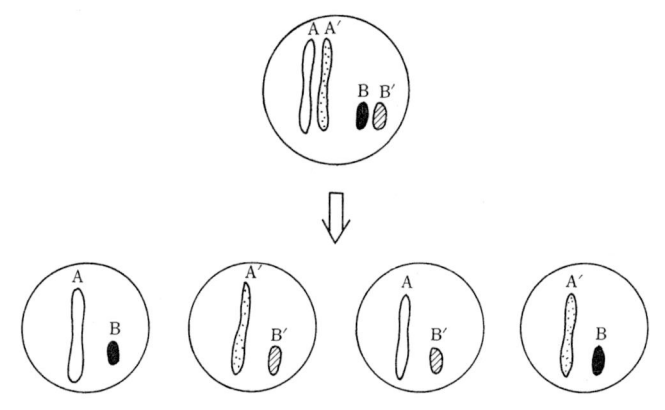

**図 7・7　減数分裂によって生ずる染色体の組合せのレパートリー．**
$2n=4$ で乗換えのない場合

ように考えれば理解できよう．1対の相同染色体 AA′ のみをもつ $2n$ の細胞（この場合 $2n=2$）では，減数分裂の結果できる $n$ の細胞には，A をもつものと A′ をもつものの2種類ができる．相同染色体が2対（$2n=4$），AA′，BB′ の場合には，各相同染色体対の分離のしかたがたがいに独立であることを考えると，$n$ の細胞には AB，AB′，A′B，A′B′ の4通りできる可能性が出てくる．つまり，染色体数 $2n$ の細胞が減数分裂すると，$2^n$ 通りの一倍体細胞ができることになる．図 7・7 の例で，A と A′，B と B′ はそれぞれ異なる両親に由来することを考えれば，減数分裂

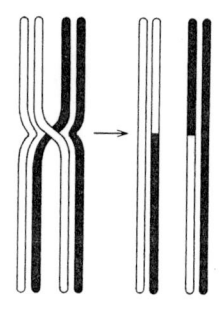

**図 7・8　染色体の乗換えと部分交換**

は，両親由来の染色体をさまざまな組合わせでもつ，遺伝的に多様な卵や精子を形成する過程であることがわかる．

減数分裂によって変えられるのは染色体の組合わせだけではない．相同染色体が対合したときには，両親に由来する染色体の部分がつなぎ換えられる**乗換え**の現象がよく起こる．乗換えが起こると，両親のどちらにもなかった，新しい遺伝子の並び方をもつ染色体ができる．たとえ乗換えがないとしても，$2n=46$ であるヒトの場合には，1人のつくれる卵や精子のもつ染色体の組合わせのレパートリーは $2^{23}$，つまり 800 万通り以上である．したがって，同一人物の卵や精子でも1つとして遺伝的に同一のものはないといえる．次に述べる受精が新しい遺伝子を導入する過程であるのに対し，配偶子形成は，両親に由来する2つの遺伝子セットを混ぜ合わせて，新しい遺伝子セットをつくる過程である．

## 7・3 受 精

一倍体の卵と精子が合体して二倍体の**接合子**（受精卵）になる過程を受精という．多くの無脊椎動物や比較的下等な脊椎動物では，受精は体外に放出された卵と精子の間で行われる体外受精である．一部の無脊椎動物や高等脊椎動物では，受精は交尾によって雌の体内で行われる体内受精である．ほとんどすべての高等植物も体内受精を行う．

### 7・3・1 植物における受精

染色体数が $n$ か $2n$ かなどのことを**核相**といい，単相（$n$）と複相（$2n$）に分けられる．動物はほとんどの期間を通じて複相だが，植物では下等なものほど単相の期間が長く，種子植物に至って，ほぼ動物と同様に複相期間が長くなる．

被子植物の花粉はおしべの先端にある葯の中で形成される．葯の中央にある細胞が分裂して複相の花粉母細胞を生じ，これが減数分裂を行って単相の花粉細胞になる．花粉細胞が成熟すると厚い外膜をもつ花粉になる．卵細胞はめしべの基部になる子房に包まれた胚珠の中で形成される．そこでは胚のう母細胞

## 7·3 受精

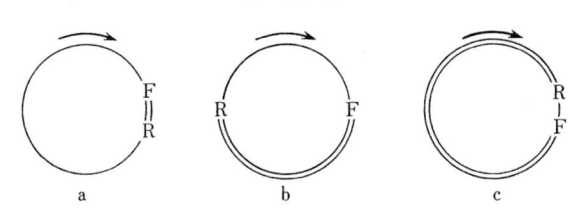

図7·9 植物における単相（1本線）と複相（2本線）の交代． Fは受精，Rは減数分裂を表す．a, b, cの順により高等となる．ほとんどの動物はcの段階にあたる

($2n$) が減数分裂して単相の胚のう細胞をつくる．胚のう細胞は3回核のみの分裂を行った後，部分的に細胞のしきりをつくり，結局，卵細胞1個と極核2個などを含む，複雑な**胚のう**を形成する．

花粉がめしべ先端のねばねばした柱頭に付着することを**受粉**という．受粉後しばらくすると，花粉の外膜にある小孔から花粉管が伸び出し，花柱の中を胚のうへ向かって伸びてゆく．この間に花粉の核は花粉管の方へ移行し，分裂して2個の精核を形成する．花粉管の先端が胚のうに達すると，精核の1つは卵細胞と合体し，他の精核は2個の極核と合一する．この過程では，いわば同時に2つの受精が行われるので**重複受精**とよばれる．受精した卵細胞は$2n$となり，胚へ発生してゆく．3つの核が合一した方は$3n$の胚乳核となるが，これ

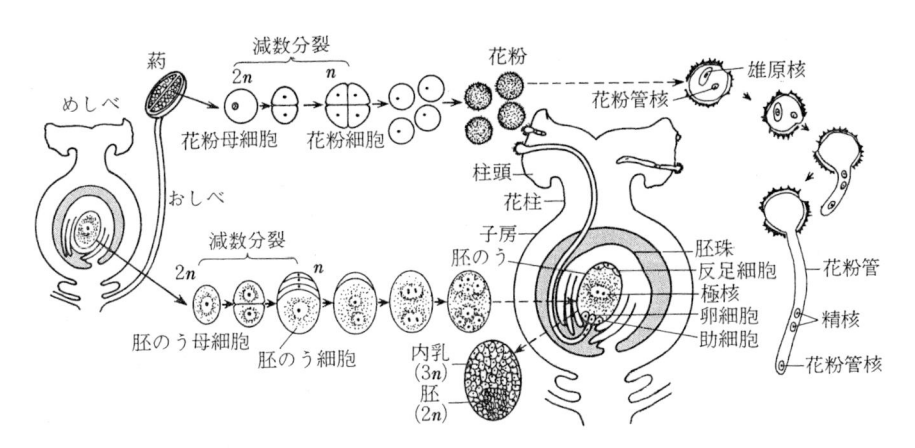

図7·10 被子植物における胚のう・花粉の形式と重複受精

は胚が発育するときの栄養となる胚乳組織のもとになる．これらを含んで胚珠全体が種子になってゆく．

### 7・3・2 ウニの受精

ウニなどの海産無脊椎動物は多数の卵や精子を放出して体外受精を行うので観察も容易であり，受精のありさまが詳しく調べられている．ウニの卵には細胞膜に接して薄い卵膜があり，その外側にジェリー層の外被がある．精子がこのジェリー層に達すると，**先体反応**とよばれる精子先端部の構造変化が起こり，卵膜に部分的に穴をあける酵素などが働き，精子の核が卵の細胞質へ侵入を始める．このとき精子の細胞膜は卵の細胞膜と融合する．

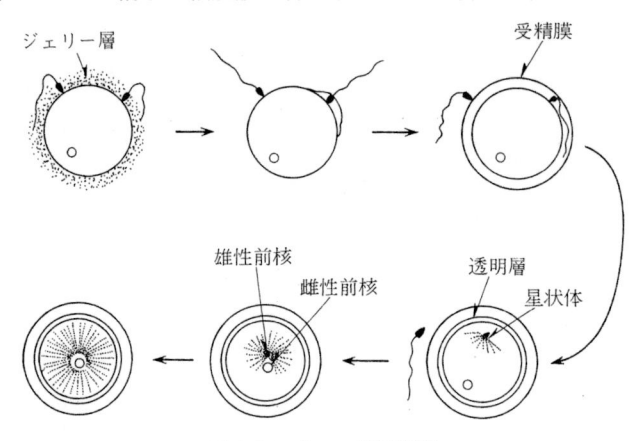

図 7・11 ウニの受精過程

この際に，卵の表層にあった顆粒が崩壊し，その内容物の一部と卵膜とで**受精膜**が形成され，外側へ向かって拡がってゆく．低倍率の顕微鏡で観察する場合には，この受精膜の上昇が受精の行われた証拠となる．

侵入した精子の核は膨らんで雄性前核となり，卵の核（雌性前核）へ接近し，やがて融合が起こり，受精が完了する．受精によって，単相の卵と精子から複相の受精卵（接合子）ができる．

一般に，放出される卵の数に比べて精子の数ははるかに多いから，1つの卵に対して複数の精子が侵入する可能性が考えられる．しかし，これは生物にと

って有害なため，それを阻止するしくみが存在する．これを**多精拒否機構**という．ウニの場合には受精膜があがればその目的は達せられるが，それまでに数十秒を要する．実際には1つの精子が卵に接触したとたんに，その点を中心に神経の興奮伝導に似たしくみで，電気的波が卵表を伝わってゆく．これは先に述べた表層顆粒の崩壊のきっかけにもなるが，他方，遅れてきた第2，第3の精子の侵入を速やかに妨げる効果ももっている．

受精に伴って，卵では解糖や呼吸などの代謝が高まり，タンパク質合成も開始されて発生への準備がなされる．

### 7·3·3 哺乳類の受精

体内受精をする哺乳類での受精の研究は近年まで困難であったが，さまざまな工夫の結果，ガラス器内での体外受精が可能になり，急速に研究が進んできた．哺乳類の卵は卵巣中でろ胞に包まれて成熟するが，排卵後も第二減数分裂の中期，つまり第二卵母細胞の段階にとどまっており，卵が最終的に成熟するのは精子の侵入が起こってからである．

哺乳類の精子は直接体外へ放出されたものには卵を成熟させる能力はない．一度雌の子宮内を通過して，ある活性化を受けてから受精能が獲得される．現在では，この変化をガラス器内でも起こせるようになったので，ガラス器内での受精も可能になり，家畜の品種改良や医学的にもさまざまな応用が行われ

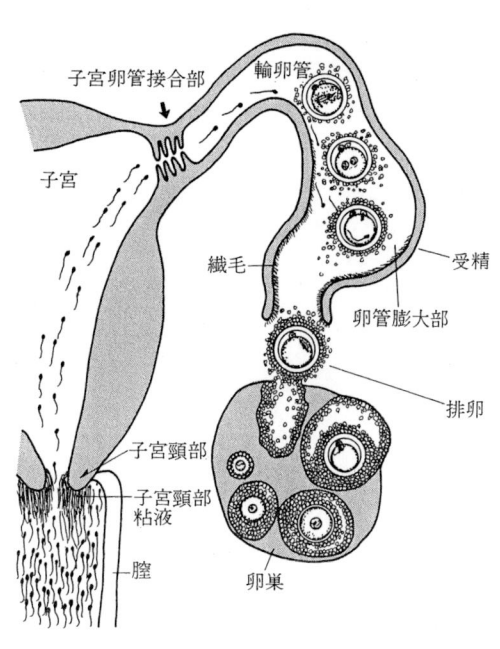

**図 7·12 哺乳類の雌の生殖器官内での受精.**
精子は雌の生殖管内を上昇する過程で受精能を獲得し，卵管膨大部で卵の受精が起こる（柳町・岩松, 1974,「科学」44 より）

るようになった．

　排卵された卵は一度体腔に出るが，ただちに輸卵管に取り込まれ，その膨大部で精子と出会い受精する．受精の基本的なしくみはウニの場合と変わらない．受精卵は輸卵管を下りながら卵割をして胚盤胞になり，子宮壁へ着床する．

## 7・4　胚発生

　受精の結果，生じた受精卵という1個の細胞が複雑な変化を経ながら，多細胞の新しい生物体となる過程を発生という．胚発生はその比較的初期の過程をさしている．発生は多細胞生物に特有の現象である．

### 7・4・1　卵割

　受精卵で初期に行われる細胞分裂のことをとくに卵割といい，それにより生ずる細胞を**割球**とよぶ．卵割で生じた割球は成長しないうちに次の卵割へ移行するために，全体の大きさはほとんど変わらないままに，細胞は数を増し，しだいに小さくなってゆく．ウニの発生では，全体の大きさの変わらない段階では胚とよばれ，それ以上になると幼生とよばれるのがふつうである．

　卵は一般に，発生のときのエネルギー源となる卵黄を含んでいる．卵黄の分布に影響されて，受精卵の核は中心からはずれて位置するのがふつうである．核の存在する位置に近い方の極を**動物極**，その反対の極を**植物極**という．両極

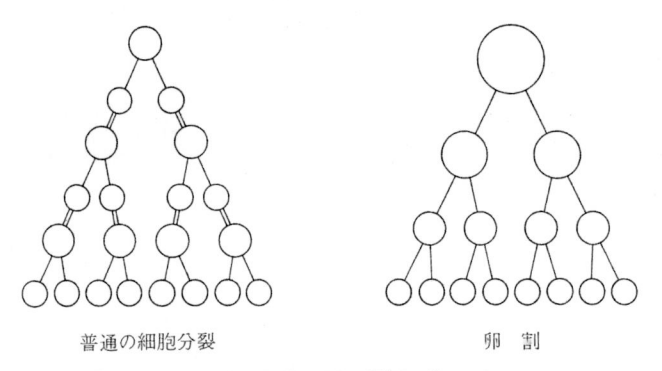

普通の細胞分裂　　　　　　　　卵割

図7・13　ふつうの細胞分裂と卵割の違い(市川より)

を対称的に分断する面を**赤道面**とよぶ．植物極側は相対的に卵黄に富むので密度が高く，水中では受精卵は植物極側を下にして沈む．

　卵黄の存在は卵割の際のくびれ，つまり割溝の入る妨げとなるので，その量や局在性によって卵割の様式は大きく違ってくる．卵黄の量が少なく，分布もほぼ均等なウニや哺乳類の等黄卵では，卵全体が同じ大きさに等分されてゆく**等全割**を行う．両生類のような端黄卵では，卵黄をより多く含む植物極側の割球の方が大きくなる**不等全割**が行われる．魚類や鳥類のように卵黄の分布がさらに偏ると，割溝は卵黄の中には入らず，胚盤の部分だけが分裂する**盤割**を行う．昆虫類の卵は中央に多量の卵黄を含む中黄卵で，核もその中に位置している．このような卵では，受精後しばらくは核分裂だけが起こり，その後おのおのの核が卵表へ移行し，やがてその間に仕切りが入って多細胞の状態になる．このような卵割を**表割**という．

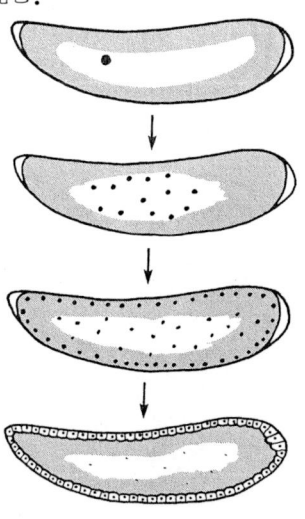

図7・14　昆虫卵の表割

### 7・4・2　ウニの初期発生

　ウニの卵割は，まず動物極および植物極を通る面で起こり，次の第二卵割も両極を通り，これと90度ずれた面で起こり4細胞となる．第三卵割は赤道面に沿ってなされ8細胞になる．次に動物極側の4割球は，おのおのの極を通る面で等分割され，植物極側の4割球は赤道と平行な面で不等分割される結果，16細胞となる．

　さらに卵割が進行してゆくと，多数の小さな細胞からできた**桑実胚**になる．この段階までは中実だが，やがて細胞が外側へと移行し，ほぼ1層の細胞層としてならぶため，球状中空の**胞胚**となる．内部の空所は卵割腔（胞胚腔）とよばれる．胞胚の細胞の表面には繊毛が生じて運動性をもつようになり，やがて孵化酵素によって受精膜を溶かして孵化が起こる．

　次の段階では，胞胚の植物極側から細胞層がしだいに陥入を起こすことによ

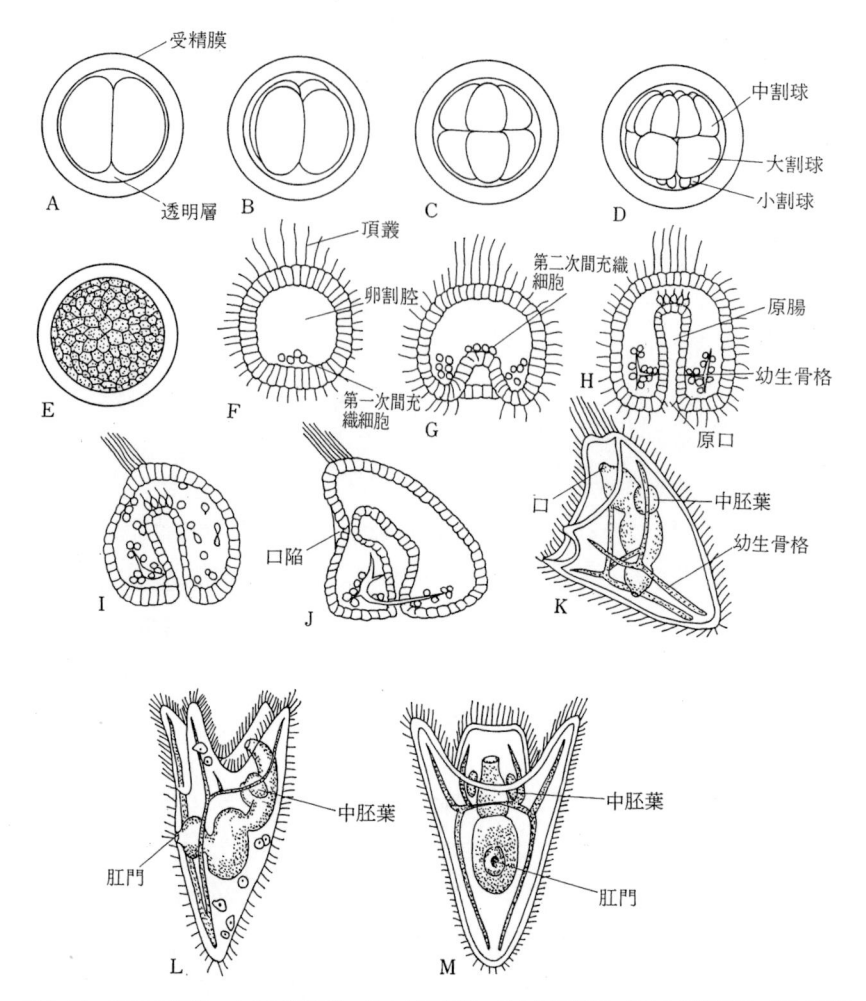

図7・15　ウニの発生．A：2細胞期，B：4細胞期，C：8細胞期，D：16細胞期，E：胞胚（表面），F：孵化後の胞胚（断面），G：陥入の開始，H：原腸胚（正面），I：原腸胚（側面），J：プリズム幼生，K：初期プルテウス，L：プルテウス幼生（側面），M：プルテウス幼生（腹面）（岡田・宮内，Kühn より）

って，内外2層の細胞層からなる**原腸胚（のう胚）**が形成される．このとき内部に新たに生ずる空所を**原腸**，原腸の陥入してゆく部分を**原口**という．原腸胚を形成する外側の細胞層を**外胚葉**，内側の細胞層を**内胚葉**といい，これらの胚

葉からは将来，別々の組織が分化してくる．もう1つの細胞群である**中胚葉**には2つの起源がある．1つは第一次間充織細胞で，原腸陥入の始まる頃，植物極側から胞胚腔へこぼれ込む細胞群である．これらの細胞の起源は16細胞期に植物極にあった小割球である．第一次間充織細胞からはやがて骨片がつくられる．2つ目の第二次間充織細胞は原腸の先端に由来し，これらの細胞の挙動によって口の位置が決められる．

原腸胚に骨片が形成される頃になると，しだいに体の大きさが増し，プリズム幼生，次いでプルテウス幼生へと進んでゆく．

### 7・4・3 モザイク卵と調節卵

単一の細胞である受精卵を出発点として，さまざまの異なる働きをもつ組織で構成された個体ができてくる．ここですぐ浮かぶ疑問は，受精卵のどの部分から何ができるかは発生のどの段階で決まるのかである．たとえば，16細胞期のクシクラゲの胚をいくつかの割球群に分離してから発生を続けさせると，おのおのからは，一見全体の一部と思えるものが形成される．このような卵で

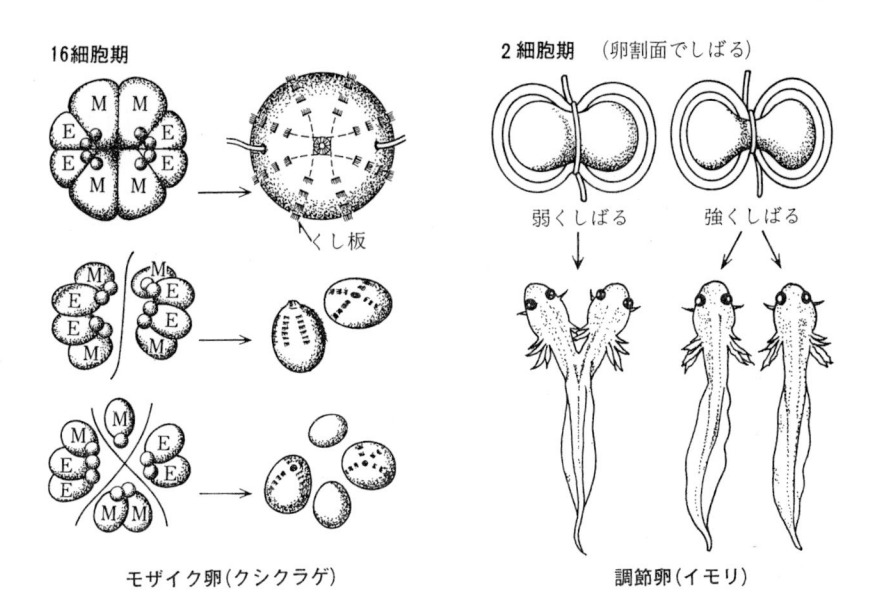

図7・16 モザイク卵と調節卵

は，ある部分が何になるかが早めに決まっているように思えるので，**モザイク卵**とよばれる．一方，4細胞期のウニ胚の割球を分離すると，おのおのからは完全な幼生ができる．また，2細胞期のイモリ胚をある位置でしばっても，やはり2頭の完全な個体を生ずる．あとの2つの例では何になるかがまだ決まっておらず，胚の一部を除去したときに，残りの部分がそれを補うという調節作用がみられる．ヒトの一卵性双生児も自然に生じたその例である．このような卵を**調節卵**という．

### 7・4・4 発生能と発生運命

モザイク卵と調節卵には，実は本質的差違があるわけではない．ウニでも16細胞期になればモザイク的であり，モザイク卵でも発生のごく初期には調節作用がみられ，結局，2つの違いは何になるかの決められ方が早いか遅いかに過ぎない．

どのような卵でも，最初は各部分が何にでもなれるという潜在的発生能力（**発生能**）を幅広くもっている．その一方で，正常な発生過程をたどる限りは，各部分が何になるかは自ずから決まっている．これを**発生運命**という．ある段階までは，発生運命は発生能の許す限り，条件によって変わりうる．たとえば，イモリの原腸胚の初期に予定神経域から採った組織切片を予定表皮域へ移植すると，その切片は表皮へと分化する．

ところが，同じ移植を原腸胚終期になってから行うと，切片はもはや運命どおりに神経組織しかつくれなくなっていることがわかる．つまり，発生能は発生初期にはきわめて広いが，しだいに狭まり，やがては発生運命と一致する．この現象を**決定**とよぶ．

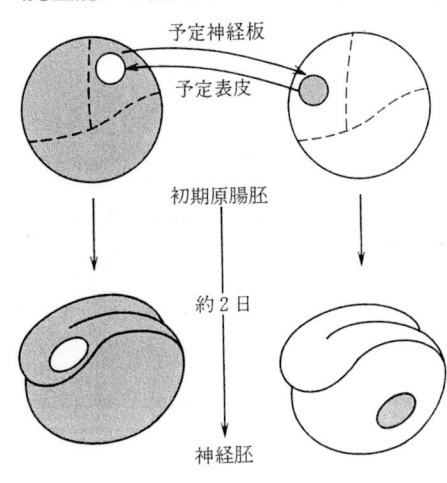

**図7・17 イモリの初期原腸胚における予定神経板と予定表皮の交換移植**

このように，はじめはほとんど一様な性質をもっていた胚の各部分が発生の進行とともに特殊化していくことを**分化**という．

### 7・4・5 誘導とオーガナイザー

前項で述べた決定という現象の前後では，予定神経域からの移植片の分化のしかたが基本的に異なっている．決定前では，その分化は周囲からの影響を受けた依存分化であるのに対し，その後では移植片自身の発生運命どおりの自律分化だからである．この移植片が依存分化するときに受けるような，他の部分からの働きかけのことを**誘導**という．

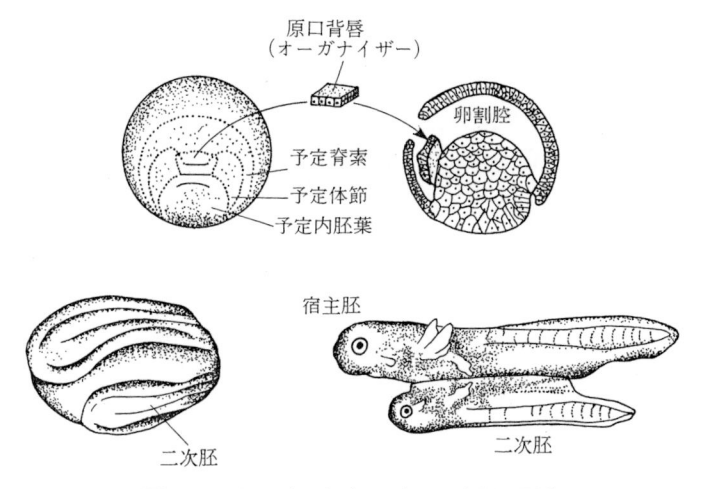

図7・18 オーガナイザーによる二次胚の形成

シュペーマンらは主としてイモリ胚を用いたさまざまな実験から，胚にはとくに誘導能力の強い部分があることをつきとめ，それを**オーガナイザー**（形成体）とよんだ．オーガナイザーは**原口背唇**とよばれ，原腸の陥入が完了すると原腸蓋になる部域である．シュペーマンらはこの部分を切り出して，別の初期原腸胚の胞胚腔内へ移植してみた．すると，植えられた側の胚（宿主）が発生を進めて一次胚になると同時に，移植片の接触した部分から二次胚の形成されるのがみられた．移植片と宿主とで色素濃度に違いのあるイモリを使うことによって，移植された原口背唇自身が脊索や中胚葉へと分化しつつ，その一方で

接触した宿主の細胞の発生運命を変えて，神経管などの構造を誘導したために二次胚のできたことがわかった．

つまり，オーガナイザー自身は自律分化をしつつ，他の部分を依存分化させる働きをもつことがわかった．オーガナイザーによって誘導を受けた部分は，次にはまた別の部分を誘導するという誘導の系列が存在することもわかっている．この系列に従って誘導がカスケード状に進み，体全体の形づくりが行われる．

### 7・4・6　中胚葉誘導因子

オーガナイザーによる誘導の機構は，これまで50年以上にわたり，常に発生学における中心的課題であった．1980年代後半に入って，ようやくその分子機構に迫る研究が本格化した．

そのきっかけは，オーガナイザー自体の誘導についての研究であった．アフリカツメガエルの中胚葉は，内胚葉によって動物半球の細胞から誘導されるが，そのうち背側内胚葉と接した部分からは将来オーガナイザーとして働く**背側中胚葉**が誘導される．この誘導は目の細かいフィルターを介しても起こることから，細胞の接触は必要でなく，何らかの誘導因子が関与することは古くから予測されていた．

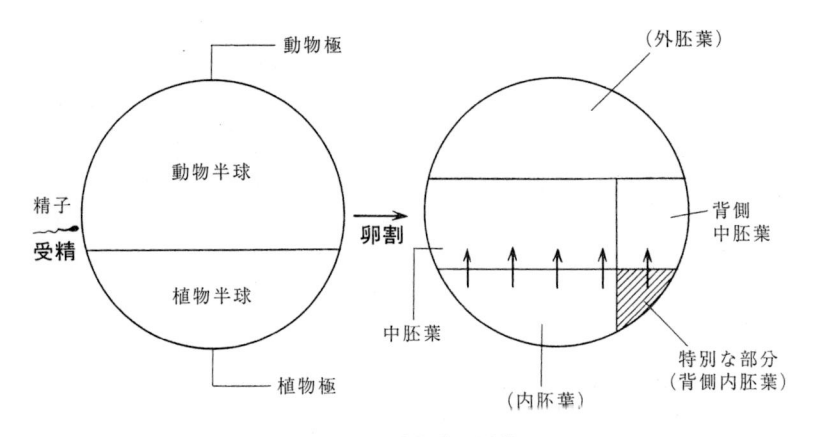

図7・19　中胚葉の誘導

最近になって，偶然のきっかけで**アクチビン**とよばれるヒトのタンパク質性ホルモンの1種が強い中胚葉誘導活性をもつことが明らかにされた．アクチビンをある発生段階のアフリカツメガエル胚に作用させたところ，予定外胚葉が誘導を受け，中胚葉になったのである．しかも，アクチビンの濃度によって誘導される組織が異なり，中胚葉からさまざまな組織が分化することの説明ともなった．

### 7・4・7　勾配説

誘導説が依存分化の現象を説明するのに対し，自律分化を説明するのが勾配説である．勾配説は，胚の内部には元来，ある種の物質が濃度の勾配をなして存在しており，その濃度に応じて胚の各部分は分化するという考えである．次に述べるウニ胚16細胞期の割球分離実験の結果は，勾配説の妥当性を示す一例である．

16細胞期のウニ胚は，動物極側から中割球8，大割球4，小割球4の順序で構成されている．これを簡単のために8＋4＋4と表わすことにしよう．大割球

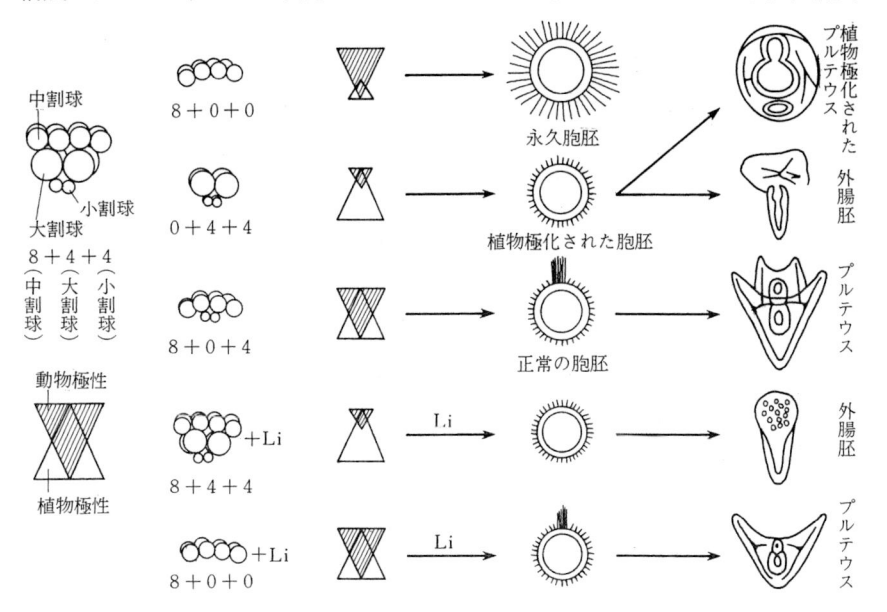

図7・20　ウニ胚の動物極性と植物極性の勾配（Runnstrom, Kühn より）

を除いた8+0+4で発生させた場合には,ほぼ正常なプルテウス幼生を生ずるが,中割球または小割球を欠くと発生は異常になる.8+0+0では原腸の陥入が起こらず永久胞胚になり,0+4+4では原腸の異常発達した外腸胚などを生ずる.これら一連の実験結果は,植物極から動物極へ向かって減少し,原腸の形成を促す**植物極化因子**と,逆の働きと濃度勾配をもつ**動物極化因子**の存在を考えると説明が可能である.

誘導説と勾配説は対立する概念としてとらえられがちだが,発生の分子機構についての研究が進んだ現在では,双方ともに発生のある局面の説明として正しいことがわかる.たとえば,前項のアクチビンの濃度の違いによって異なる組織が誘導される例のように,実際の誘導においても誘導因子の濃度勾配は常に重要な要素となっているはずである.

## 7・5 細胞分化と遺伝子

生物の発生は1つの受精卵から,多数の働きの異なる細胞のできる細胞分化の過程である.ここでは,細胞分化と遺伝子の働きの関係について述べることにする.

### 7・5・1 細胞分化とタンパク質

細胞の機能を支えているのはタンパク質およびそれが酵素として働いて生産する物質である.したがって,細胞の機能がさまざまに異なるのは,その細胞の合成するタンパク質が異なるからである.形の異なる細胞はたいていその機能も異なり,その原因もやはりタンパク質の差に求められる.

たとえばわれわれの体の中でも,眼のレンズの細胞と肝臓の細胞とでは,機能も形もまったく違っている.レンズ細胞では合成するタンパク質の約90%までがクリスタリンという特殊な分子で,これを使ってレンズはその特有な機能をはたしている.一方,肝臓の細胞はクリスタリンをまったく合成しないかわりに,他の細胞にはない特徴としてアルブミンというタンパク質を合成している.

一般に,特殊な機能をになう細胞,つまり分化の進んだ細胞ほど,限られた

種類(たいていは1種類)のタンパク質を多量に合成する傾向がある.

### 7・5・2 染色体削減と放棄

タンパク質の合成には,その設計図である遺伝子が必要である(5・5参照).したがって,細胞によって合成するタンパク質が違うのは,もっている遺伝子が違うからだという可能性がある.

細胞分化をこのように説明する根拠として古くから知られているのが,ウマカイチュウの**染色体削減**やタマバエの**染色体放棄**の現象である.これらは発生に伴って特定の染色体の一部または全体が失われる現象で,発生が進んでも完全な染色体セットを保っているのは,将来生殖細胞になるものだけである.

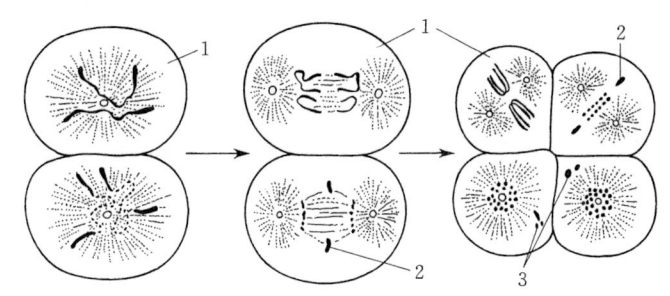

図7・21 ウマカイチュウにおける染色体の一部放棄. 1:生殖細胞になるもの,2:すてられる染色体片,3:すてられた染色体片
(Kühnより)

染色体が部分的にせよ失われれば,そこに含まれていたいくつかの遺伝子も失われる.そうなれば,この細胞の分裂でできる子孫の細胞はすべてそれらの遺伝子をもたないことになる.そして,もし失う遺伝子の種類が細胞の系列ごとに違うとすれば,細胞群によって合成できるタンパク質が異なることの説明となる.細胞が失った遺伝子は二度と戻ることはないから,分化がこのような機構で起こるとすれば,それは不可逆な過程のはずである.

### 7・5・3 植物細胞の全能性

ところが,少なくとも植物では細胞分化の不可逆性は完全に否定されている.ニンジンの根やタバコの茎を切り取りガラス器内で培養すると,細胞分裂の結果,組織構造を失った細胞塊(**カルス**)ができる.カルスから採った細

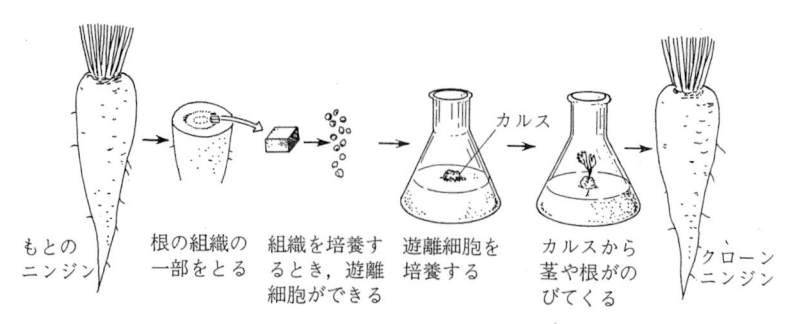

図7・22 植物細胞の全能性

を適当な植物ホルモンの存在下で培養を続けると，やがて生殖能力をもつ完全な植物体が形成される．分化した組織の細胞から出発しても，細胞分裂を経て植物体全体がつくられるのだから，分化の途中で何らかの遺伝子が不可逆的に失われることはないと結論できる．

　植物細胞は一般に，このように分化した単一の細胞でも植物体全体をつくる潜在能力をもっている．これを**分化全能性**という．挿し木によって植物を殖やせるのも，この全能性があるからである．

### 7・5・4 核の全能性

　動物の細胞を取り出して培養すると，増殖して一般に本来の特徴を失った細胞になる点は，植物細胞のカルスへの変質にやや似ているが，それ以上別の組織へ分化する現象はみられない．動物細胞は遺伝子を不可逆的に失って分化するのだろうか．これを確かめるために，**ガードン**は動物細胞から核を取り出して他の細胞へ移植する実験を行った．

　アフリカツメガエルの未受精卵から核を除去し，残りの細胞質へさまざまな発生段階の胚や幼生の細胞から得た核を移植してみた．胞胚前期の細胞の核を移植したときには，手術を失敗しない限り，ほぼ100％近くが正常なカエルにまでなったが，さらに発生段階の進んだ細胞の核を移植すると，成功率は次第に低下した．それでも，オタマジャクシの小腸上皮細胞のように分化の進んだ細胞の核を移植した場合でも，手術の失敗分を差し引くと約24％がカエルにまでなった．こうしてできたカエルは本来の受精によって生まれたものではな

## 7·5 細胞分化と遺伝子

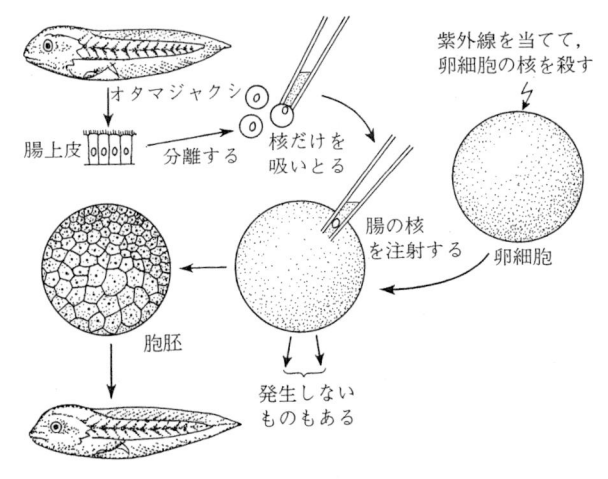

**図 7·23 核移植の実験**

く，親の細胞にあった遺伝情報をそのまま伝えられたものなので，**クローンガエル**とよばれる．

この実験結果は，小腸上皮のように分化した細胞の核でも周囲の環境を変えると，未分化の受精卵の核と同様に働いて，完全な生物体を形成できることを示唆している．ガードンの実験がなされたのは1960年代だが，1997年には，体細胞の核を除核した卵母細胞に移植することにより，哺乳類初の**クローンヒツジ**，ドリーがつくられた．その後間もなく，同様の方法によってウシ，ブタ，マウスなどのクローンもつくれることがわかった．これらの結果は，ウマカイチュウやタマバエの場合が例外であって，細胞分化は一般には，遺伝子を不可逆的に失う過程ではないことを明らかに示している．

### 7·5·5 調節遺伝子

前節で述べたように，細胞の遺伝子はすべてが常時発現されているのではなく，異なる細胞分化や環境条件に応じて，全体からみると比較的少数の遺伝子が選択的に発現されている．このように遺伝子を発現させるためには，実際に転写を行う酵素であるRNAポリメラーゼの他に多数の調節タンパク質が必要である．**調節タンパク質**は遺伝子周辺の特定の塩基配列を認識してDNAへ結

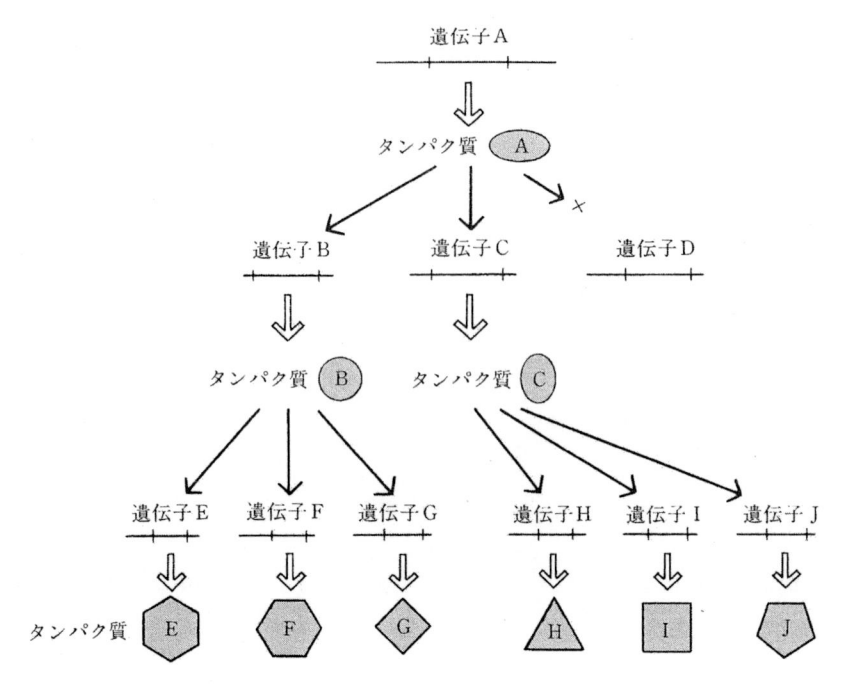

```
                    遺伝子 A
                      ⇓
              タンパク質  (A)
                 ↙   ↓    ↘×
           遺伝子 B  遺伝子 C  遺伝子 D
              ⇓       ⇓
        タンパク質(B)  タンパク質(C)
         ↙  ↓  ↘      ↙   ↓   ↘
      遺伝子E 遺伝子F 遺伝子G 遺伝子H 遺伝子I 遺伝子J
         ⇓    ⇓    ⇓    ⇓    ⇓    ⇓
タンパク質(E) (F) (G) (H) (I) (J)
```

**図 7・24　遺伝子作用の調節**

合することによって，その遺伝子の転写を促したり，場合によっては抑制したりする．6・4・4 で述べた，ホルモン・受容体複合体もこのような調節タンパク質の一種である．

　調節タンパク質をコードしている遺伝子を**調節遺伝子**という．調節遺伝子は階層構造をなして存在する場合が多い．つまり，ある調節遺伝子でコードされた調節タンパク質が他のいくつかの調節遺伝子の活性を調節し，その結果生じた調節タンパク質が，それぞれにまた次のいくつかの調節遺伝子の活性を調節するという上下関係の存在である．

---

### 予備の臓器をつくる

　ヒトの初期胚には，処理のしかたに応じて異なる種類の細胞に分化する能力をもつ**幹細胞（ES 細胞）**が含まれている．このような ES 細胞をとり出

して，うまく培養すれば，心臓や腎臓などの臓器を体外でつくることが，近い将来可能になりそうである．この技術と核移植の技術を組合わせれば，自分の臓器のスペアをつくっておくことも夢ではない．自分の体細胞の核を，別に入手した除核未受精卵に移植して発生させ，その胚から ES 細胞をとり出して培養し，目的とする臓器をつくるのである．

　これらの臓器は自分のもつ遺伝情報にもとづいてつくられたものだから，もともと自分に備わっていた臓器と何の違いもない．将来，臓器移植をしなければならなくなったときに備えて，このようなスペアの臓器があれば安心だし，何よりも臓器移植につきものの拒絶反応を心配する必要がなくなるだろう．ただし，ES 細胞の利用はよいことづくめではない．これはクローン人間をつくる技術の一歩手前の技術でもあるため，国際的に強い懸念をまき起こしつつある．

## 7・6 遺 伝

　生物の種や個体には特有の形態や機能上の性質があり，これらを**形質**という．親のもつ形質が子孫へ伝えられる現象のことを**遺伝**という．

### 7・6・1 対立遺伝子

　染色体を構成するDNAには，さまざまな形質に関する遺伝子がいくつもならんでいる．染色体上の各遺伝子の存在する位置を（**遺伝子**）**座**とよぶ．2003年春までのゲノム解析によって，ヒトの遺伝子座はおよそ 32,000 であることが明らかにされた．

　$2n$ の細胞の相同染色体（7・2・2参照）を相互に比べると，おのおのには同じ位置に，同じ形質に関する遺伝子の座がある．双方の座が同じ遺伝子で占められている個体は，その遺伝子に関して**ホモ接合体**であるという．一方，それらが同じ形質に関する遺伝子でも，異なる変異型によって占められている個体は**ヘテロ接合体**という．このとき，同一の座を占める変異型遺伝子同士をたがいに**対立遺伝子**という．

　メンデルが実験に用いたエンドウでいえば，種子を丸型にする遺伝子としわ型にする遺伝子の関係が対立遺伝子の一例である．対立遺伝子によってもたらされる丸型としわ型のような形質の間の関係をたがいに**対立形質**という．$2n$

の細胞中には対立遺伝子は1対しかありえないが、生物集団の中には同一遺伝子座に対応する遺伝子の変異型が3種類以上存在する場合も少なくない。この場合にはたがいに**複対立遺伝子**とよぶ。ふつう、生物集団中でもっとも高頻度に存在する複対立遺伝子のことを**野生型**(遺伝子)という。

### 7・6・2 優性の法則

現在の遺伝学の基礎を築いたのはメンデルで、1866年に彼の発表した基本法則は優性の法則、分離の法則および独立の法則の3つに分けられる。

ひと組の対立遺伝子はふつう $A$ と $a$ のようにアルファベットの大文字と小文字で表される。したがって $2n$ の細胞中では、遺伝子は $AA$、$Aa$ または $aa$ の組合わせで存在することになる。このような表記法を**遺伝子型**という。遺伝子型が $AA$ と $Aa$ のように異なるにもかかわらず、細胞の実際の形質(これを**表現型**という)がたがいに見分けがつかず、しかも $aa$ の示す形質とは違うときに、$A$ は $a$ に対して**優性**、$a$ は $A$ に対して**劣性**であるという。言い換えれば、$Aa$ のようなヘテロ接合体では、優性な対立遺伝子が表現型を決めている。

メンデルはエンドウの種子が丸型かしわ型か、子葉の色が黄色か緑色かなど7対の形質を選び、それぞれの間で交雑を行った。この結果、雑種第1代($F_1$)はすべて両親(P)の一方と同じ形質を示した。これはエンドウが自然条件では交雑しないために、たとえばしわ型に対して優性な丸型のPはすべて $AA$ という遺伝子型をもち、しわ型はすべて $aa$ だったからである。その結果、$F_1$ の遺伝子型はすべて $Aa$ となり、表現型はすべてが丸型を示すことになった。このように、優性ホモ($AA$)と劣性ホモ($aa$)の交雑で生ずる $F_1$ の表現型は、すべてが優性な対立形質を示すというのが優性の法則である。

### 7・6・3 分離の法則

前項のようにして得られた $F_1$ のエンドウの**自家受精**によって雑種第2代($F_2$)をつくり、それらの形質を調べたところ、優性形質と劣性形質がほぼ3:1の比で表れた。この原因も遺伝子型を考えると理解できる。$F_1$($Aa$)のエンドウが減数分裂によってつくる配偶子は遺伝子 $A$ または $a$ をもつ2種で

ある(7・2・3参照).自家受精によってこれらの配偶子が任意に組み合わされるから,得られる $F_2$ の遺伝子型は $AA$, $Aa$ および $aa$ が $1:2:1$ の比になる.したがって,表現型では優性と劣性の比は $3:1$ になる.このように,配偶子ができるときに,1つの細胞内にあった対立遺伝子が分離して別々の配偶子に分配され,その結果,子孫に形質が分離して表れることを分離の法則という.

表 7・1 単性雑種の自家受精で生じた雑種第二代($F_2$)の分離

| 親(P)の組合せ | $AA \times aa$ | |
|---|---|---|
| 親(P)の配偶子 | $A$ ── $a$ | |
| 雑種第一代($F_1$) | $Aa$ | |
| 雑種第二代($F_2$) | $F_1$ 雄の配偶子 | |
| | $A$ | $a$ |
| $F_1$ 雌の  $A$ | $AA$ | $Aa$ |
| 配偶子   $a$ | $Aa$ | $aa$ |

### 7・6・4 独立の法則

メンデルは2対の対立形質をもつエンドウの間の交雑実験も行った.たとえば丸型で子葉の黄色のものと,しわ型で緑色のもののかけ合わせである.この場合,Pの遺伝子型を $AABB$ と $aabb$ で表すと,前節で述べた理由で $F_1$ は必ず $AaBb$ となる.これは**二遺伝子雑種(両性雑種)**とよばれ,双方の優性形質が表現型となる.さらに $F_1$ の自家受精による $F_2$ の表現型を調べると,双方とも優性なもの,どちらかが優性のもの,双方とも劣性なものが $9:3:3:1$

表 7・2 二遺伝子雑種の自家受精で生じた雑種第二代($F_2$)の分離

| 親(P)の組合せ | $AABB \times aabb$ | | | |
|---|---|---|---|---|
| 親(P)の配偶子 | $AB$ ── $ab$ | | | |
| 雑種第一代($F_1$) | $AaBb$ | | | |
| 雑種第二代($F_2$) | $F_1$ 雄の配偶子 | | | |
| | $AB$ | $Ab$ | $aB$ | $ab$ |
| $AB$ | $AABB$ | $AABb$ | $AaBB$ | $AaBb$ |
| $F_1$ 雌の  $Ab$ | $AABb$ | $AAbb$ | $AaBb$ | $Aabb$ |
| 配偶子   $aB$ | $AaBB$ | $AaBb$ | $aaBB$ | $aaBb$ |
| $ab$ | $AaBb$ | $Aabb$ | $aaBb$ | $aabb$ |

の比で表れた．この比は $F_1(AaBb)$ からの配偶子が $1\,AB:1\,Ab:1\,aB:1\,ab$ の割合で生じ，これらが任意に交配したときの $F_2$ における遺伝子型の分離比 $(1\,AABB+2\,AABb+2\,AaBB+4\,AaBb):(1\,AAbb+2\,Aabb):(1\,aaBB+2\,aaBb):(1\,aabb)$ に一致している．このとき，2つの形質おのおのについての分離比を計算してみると，ともに優性と劣性が $3:1$ に分離し，それぞれ独立に遺伝していることがわかる．このように，異なる形質に関する複数の対立遺伝子がたがいに独立に分離し，子孫に伝えられることを独立の法則という．

### 7・6・5 連 鎖

メンデルの実験では，対象とした7対の対立遺伝子をどのように組合わせた二遺伝子雑種についても独立の法則が導かれたといわれている．しかし，一般には独立の法則が厳密に成り立つのは，2つの遺伝子の座が異なる染色体上にある場合だけである．2つの遺伝子が同一の染色体上にあれば，ときに乗換え（7・2・3参照）が起こって独立に挙動することはあっても，同一の配偶子に分配される率が高く，厳密には独立の法則が成り立たないからである．このように，同一染色体上に座があるために，2つの異なる遺伝子が一緒に挙動する現象を**連鎖**という．

同一染色体上にある2つの遺伝子座の距離が短いほど，その間で乗換えの起こる確率は低いから，連鎖の率は高くなる．したがって，連鎖の程度がどのくらいかを知れば，逆に染色体上にある2つの遺伝子座の相対的距離を推定することができる．これに基づいて染色体上の遺伝子座の位置を推定し，**染色体地図**を作製することができる．

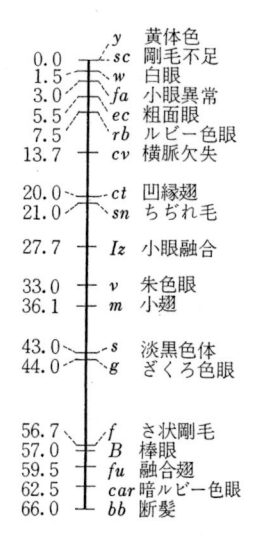

| 位置 | 記号 | 形質 |
|---|---|---|
| | y | 黄体色 |
| 0.0 | sc | 剛毛不足 |
| 1.5 | w | 白眼 |
| 3.0 | fa | 小眼異常 |
| 5.5 | ec | 粗面眼 |
| 7.5 | rb | ルビー色眼 |
| 13.7 | cv | 横脈欠失 |
| 20.0 | ct | 凹縁翅 |
| 21.0 | sn | ちぢれ毛 |
| 27.7 | lz | 小眼融合 |
| 33.0 | v | 朱色眼 |
| 36.1 | m | 小翅 |
| 43.0 | s | 淡黒色体 |
| 44.0 | g | ざくろ色眼 |
| 56.7 | f | さ状剛毛 |
| 57.0 | B | 棒眼 |
| 59.5 | fu | 融合翅 |
| 62.5 | car | 暗ルビー色眼 |
| 66.0 | bb | 断髪 |

図7・25 染色体地図（ショウジョウバエのX染色体）

### 7・6・6 突 然 変 異

交雑のときの分離や組換えによって親と異なる遺伝子をもつようになるのとは違って，遺伝子そのものに起こる変化を突然変異という．遺伝子に変化は起

こらない場合でも，環境の違いなどが原因で遺伝子の発現に違いが生じ，突然変異のときと同様に表現型が変わることがある．これは個体変異あるいは一時変異といわれ，突然変異とは違って遺伝しない．

自然界に多く見いだされ，ふつう正常な働きをもつ遺伝子は**野生型**とよばれる．これと異なる遺伝子は**突然変異型**とよばれ，野生型と対立遺伝子の関係にある（7・6・1参照）．大部分の突然変異は，1つの遺伝子内の塩基配列の変化によるが，より大規模に染色体の一部または全部が変更されたり，失われたりするタイプの突然変異もある．突然変異は生物の進化の主要な原因と考えられている（2・3・5参照）．

ふつう突然変異というときには，生殖細胞の遺伝子の受ける変化のことを指している．子孫へ伝えられるのは，生殖細胞のもつ遺伝子だけだからである．体細胞の遺伝子に起こる変化は**体細胞突然変異**とよばれ，遺伝はしないが，がんなどの原因になることがある．

### 7・6・7　遺伝子の優劣関係

メンデルの実験が成功した原因の1つは，とりあげた7対の対立遺伝子がいずれも完全優性と完全の劣性の関係にあったことである．しかし，対立遺伝子の間には，このように常に完全な優劣関係があるとは限らない．対立遺伝子はたがいに性質の少し異なるタンパク質をつくらせる設計図なのだから，ヘテロ接合体が両者の混合した性質をもっても不思議ではない．完全あるいはそれに近い優劣関係は，対立遺伝子の一方がタンパク質をつくらせる活性をまったく欠いていたり，その効率が低かったり，あるいはそのタンパク質が酵素の場合，活性が著しく弱かったりする場合である．

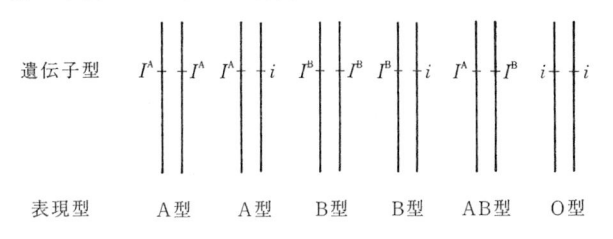

| 遺伝子型 | $I^A$　$I^A$ | $I^A$　$i$ | $I^B$　$I^B$ | $I^B$　$i$ | $I^A$　$I^B$ | $i$　$i$ |
|---|---|---|---|---|---|---|
| 表現型 | A型 | A型 | B型 | B型 | AB型 | O型 |

図7・26　ABO血液型の遺伝子型と表現型

たとえば，ヒトの **ABO 式血液型** の遺伝においては，A 型遺伝子（$I^A$）も B 型遺伝子（$I^B$）も O 型遺伝子（$i$）に対しては完全優性である．それは，$i$ が活性ある酵素をつくる遺伝情報をもっていないからである．その一方，$I^A$ と $I^B$ の間には優劣関係がない．それは，両者がたがいに異なる酵素の遺伝情報をもつからで，$I^A I^B$ の遺伝子型をもつヒトの表現型は両酵素を併せもつ AB 型となる．

### 7・6・8　集団の遺伝

遺伝における「優性」と「劣性」という表現に対しては根強い誤解がある．褐色の瞳は青色の瞳に対して優性だから，褐色の瞳の人がしだいに増加するという類の誤解である．これが誤りであることは何よりも事実が証明しているが，数学的にこの誤解を解いたのはハーディーとワインバーグである．

ここに1つの生物集団があるとしよう．その生物が優性の $A$ および劣性の $a$ という1対の対立遺伝子をもつとすれば，その遺伝子型は $AA$，$Aa$ あるいは $aa$ のどれかである．たとえば，その集団の中で $AA$ の個体の割合（頻度）が全体の1/4，$Aa$ が 1/2，$aa$ が 1/4 であったと仮定しよう．また，これらの個体の間では，まったく任意に交配が行われると仮定しよう．この場合，次の世代にみられる遺伝子型の頻度は表 7・3 のように計算できる．これからわかる

表 7・3　遺伝子型 $AA$，$Aa$，$aa$ の個体がそれぞれ 1/4, 1/2, 1/4 の頻度で存在し，それらがランダムに交雑したときの雑種第一代（$F_1$）の遺伝子型の頻度

| 親 雄×雌 | 頻　度 | 雑種第一代（$F_1$） |
|---|---|---|
| $AA \times AA$ | $1/4 \times 1/4$ | $1/16\ AA$ |
| $AA \times Aa$ | $1/4 \times 1/2$ | $1/16\ AA + 1/16\ Aa$ |
| $AA \times aa$ | $1/4 \times 1/4$ | $1/16\ Aa$ |
| $Aa \times AA$ | $1/2 \times 1/4$ | $1/16\ AA + 1/16\ Aa$ |
| $Aa \times Aa$ | $1/2 \times 1/2$ | $1/16\ AA + 1/8\ Aa + 1/16\ aa$ |
| $Aa \times aa$ | $1/2 \times 1/4$ | $1/16\ Aa + 1/16\ aa$ |
| $aa \times AA$ | $1/4 \times 1/4$ | $1/16\ Aa$ |
| $aa \times Aa$ | $1/4 \times 1/2$ | $1/16\ Aa + 1/16\ aa$ |
| $aa \times aa$ | $1/4 \times 1/4$ | $1/16\ aa$ |
| | 合計 | $4/16\ AA + 8/16\ Aa + 4/16\ aa$ |

とおり，任意交配の仮定がある限り，親の世代の遺伝子型の（したがって，遺伝子の）頻度はそのまま子の世代へと引き継がれる．何代くり返してもこの事実は変わらないから，もちろん，表現型である褐色の瞳の出現率にも変化はない．

ただし，このようなことが成り立つのは自然選択や突然変異が起こらず，しかも任意交配の行われている生物集団においてだけである．厳密には自然界にそのような集団は存在せず，だからこそ生物は進化するのだといえる（2・3・5参照）．しかし，このことと遺伝子の「優性」「劣性」はまったく無関係であるのはいうまでもない．

### 7・6・9　ミトコンドリアの遺伝子

これまで述べてきたのは，真核生物の核に存在する遺伝子の挙動である．しかし，真核生物ではミトコンドリアと葉緑体にも，ほんのわずかながらDNAがあり，遺伝子として働いている．ヒトの場合だと，核には3万以上の遺伝子があるのに対してミトコンドリアのタンパク質をコードする遺伝子は13種類だけである．卵にも精子にもミトコンドリアはあるが，受精のときに精子から持ち込まれるのは核のDNAだけで，われわれの体細胞に存在するミトコンドリアはすべて母親に由来している．したがって，ミトコンドリアの遺伝子の分だけ，われわれは父親よりも母親に余計似ていることになる．葉緑体のDNAも，ふつうはほぼ同様の**母性遺伝**で伝えられる．

## まとめの問題

1. 細菌からヒトまで包括できるよう，「性」を定義せよ．
2. 無性生殖と有性生殖の共通点と相違点を述べよ．
3. 卵形成と精子形成の共通点と相違点を述べよ．
4. 一倍体（$n$）と二倍体（$2n$）の違いとは何か．
5. 相同染色体とはどのような関係にある染色体同士のことを指すのか．
6. 配偶子形成の際に，初めて両親からの遺伝子が混ぜ合わされるが，それは具体的にはどのような現象によるのか．

7. 核相の交代とは何か．具体例で説明せよ．
8. 同じ両親をもつ兄弟姉妹でもたがいにあまり似ていないことがあるのはなぜか．
9. 多精拒否機構にはどのようなものがあるか．
10. ウニとヒトの受精では，受精が体内で行われるか否かのほかに，どのような違いがあるか．
11. モザイク卵と調節卵の違いとは結局何か．
12. 発生能と発生運命の関係を説明せよ．
13. オーガナイザーとは何か．
14. 発生における誘導と勾配の関係を説明せよ．
15. 細胞の分化と遺伝子の関係を説明せよ．
16. 植物細胞の全能性とは何か．
17. 挿し木で植物の殖えることが全能性の表れといわれるのはなぜか．
18. 動物の核は全能性をもつのに，細胞が全能性をもたないのはなぜだろうか．
19. 対立遺伝子を定義せよ．
20. エンドウが自然状態では雑種をつくらないことが，メンデルの実験を容易にしたと言われるが，それはなぜか．
21. 7・6・4の実験で遺伝子 $A$ と $B$ が100％近く連鎖していたとすれば，$F_1$ および $F_2$ の表現型と遺伝子型はどうなるか．
22. 連鎖の程度によって2つの遺伝子座の相対距離が推定できるのはどうしてか．
23. 分子レベルで考えた場合，遺伝子の優劣関係とは何か．
24. 遺伝の法則によれば，血液型A型（遺伝子型はAO）の父親とB型（遺伝子型BO）の母親の間には，4種類の血液型の子どもが同じ頻度で生まれるはずである．しかし，そのような両親に子どもが4人できても，すべてがA型という例があるのはなぜか．
25. 突然変異が進化の要因と考えられるのはなぜか．
26. 自然界には，厳密にハーディ・ワインバーグの法則が成り立つ生物集団がないのはなぜか．

# 8 生物の個体と集団

すべての生物は生命と種の維持を，それがおかれた環境との一定の関係の下に行っている．この章では，個体間の関係からはじめて，個体と集団，集団と無機的環境，そして集団と集団の関係などについて考えてみる．

## 8・1 動物の生得的行動

動物の生得的行動は巨視的な意味での生命の法則に基づいて営まれている．いくつかの例について，その法則性を探ってみよう．

### 8・1・1 回 遊

魚類の回遊にはウナギのように淡水で成育し，成熟すると川を下って海で産卵するものと，サケ，マスのように海水中で成育し，川へのぼって産卵するものとがある．サケ，マスの回遊の特徴は，自らの生まれた川（母川）へ戻って産卵する行動である．サケは大洋においては太陽をコンパスとして移動し，ほぼ母川近くまで戻り，その後は，稚魚のとき経験し，成魚になっても記憶している母川固有のにおいを手がかりに産卵された場所近くへ戻ることが知られている．母川の水を嗅がせたときに，サケの脳波に特有の波形が現れることを示した実験もある．

### 8・1・2 帰巣と渡り

伝書バトは数百キロメートル離れた，初めての土地からでも帰巣する能力をもっている．彼らもやはり，太陽をコンパスとして定位していることは，巣が近くでない限りは，晴天のときにしか定位できないことでわかる．太陽の位置は時刻とともに変わるが，鳥類は一般に**体内時計**をもっているために，時刻に応じて太陽の位置を補正し定位できるのだと考えられている．

鳥に渡りの衝動を引き起こすのは，日長の変化が刺激となったホルモン分泌

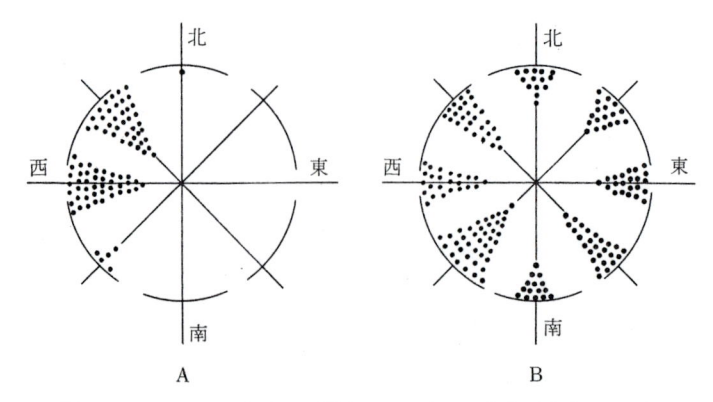

**図 8·1** ムクドリの定位と太陽光. A：晴天の場合（定位できる），B：曇天の場合（定位できない）（Kramer より）

の変化である．ムクドリなどはハトの帰巣同様に太陽コンパスにより定位を行うが，それ以外に，夜間の星座のパターンを道標とする定位や，地磁気を感じて定位する種も知られている．

### 8·1·3 ミツバチのダンス

ミツバチは蜜のある花をみつけると，巣へ戻ってそれを仲間へ知らせるダンスを踊る．方角を知らせる必要のないほどそれが近所だと，巣板の表面を円を描いて歩き回る円形ダンスを行うが，遠いとき（だいたい 100 メートル以上）には，独特なダンスによってその方角を指示する．これは一般に**尻ふりダンス**とよばれ，図 8·2 のように 8 の字を描いて歩き回る．このとき直線部分ではさ

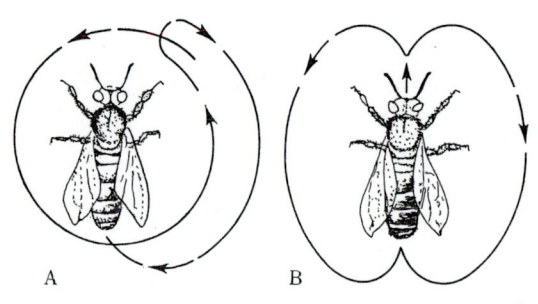

**図 8·2** ミツバチのダンス．A：円形ダンス，B：尻ふりダンス（Frisch より）

かんに腹部（尻）をふりながら歩く．このときの歩行の方向が花のある方角と関連している．ダンスは巣板の鉛直面で行われ，たとえば直進の方向が鉛直線と左60度の角度をなしていれば，目的地は太陽の左60度の方角であることを示している．このときの尻ふりや羽音のリズムの頻度は目的地までの距離を示している．

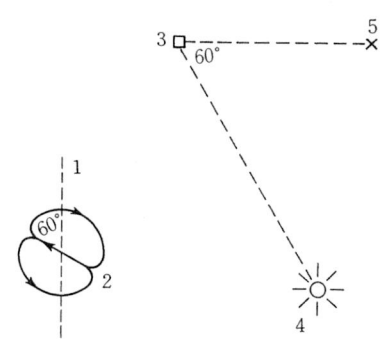

図8・3　ミツバチのダンスと食物源への方向．
1：垂直線，2：直進の方向，3：巣，4：太陽，5：食物源（Frischより）

さらに驚くべきことは，この尻ふりダンスが直接太陽をみることなしに行われる点である．巣箱の中から青空の1点をみるだけで，彼らは太陽の方角を認識している．これが偏光を識別する能力と関連していることは，巣箱の穴を偏光板でふさぐと，ダンスの法則性がすっかり乱れてしまうことからわかる．

## 8・2　フェロモン

体内で合成され，体外に分泌されることによって，微量で，同種の他の個体へ特異的な生理作用をもたらす物質を総称してフェロモンという．おもに無脊椎動物について詳しく研究されているが，脊椎動物にもいくつかの例が知られている．

### 8・2・1　リリーサー・フェロモン

空気中などに分泌発散され，それを嗅覚で感じた他の個体の行動がただちに影響されるようなフェロモンをリリーサー・フェロモンという．個体間のコミュニケーションの手段として用いられるフェロモンで，その性格上，作用は一過的であり，物質が消失すれば行動ももとに戻る．

もっとも詳しく研究されているリリーサー・フェロモンはガの類の**性誘引物質**（性フェロモン）である．夜行性のガの雄が雌を探す手段は嗅覚で，雌が合成し，発散する微量の性誘引物質を雄が嗅ぎ分けて，その濃度の濃い方向へ引

き寄せられる．ガの触角が複雑な構造をしているのは，このように鋭い嗅覚と関連している．たとえば，カイコガの性誘引物質はボンビコールとよばれる一種のアルコールで，空気中に $10^{-12}$ mg/m$l$ 存在するだけで，雄はこれに反応する．雄の方が性誘引物質を発散し，雌を引き寄せる種も少数例知られている．性誘引物質以外のリリーサー・フェロモンとしてはアブラムシなどの警報フェロモン，アリの道しるべフェロモン，ゴキブリなどの集合フェロモンがある．ゴキブリ捕獲用の市販のトラップの大部分は集合フェロモンの作用を利用している．

図8・4　ガの触角（吉谷，原図）

$$CH_3CH_2CH_2CH=CHCH=CH(CH_2)_9OH$$

図8・5　ボンビコールの構造

　空気中に分泌されるリリーサー・フェロモンには強い揮発性が必要だが，水中に分泌されるものは溶解度の高い必要がある．イソギンチャクが水中で群をなしているとき，1つをつつくと触手を縮めるが，周囲の個体も同時に反応することがあるのは，一種の警報フェロモンが放出されたためである．

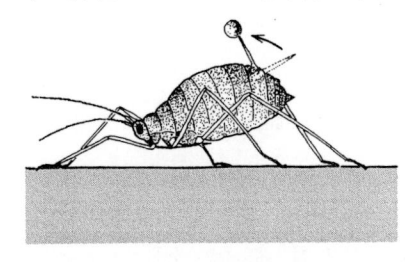

図8・6　アブラムシの警報フェロモンの分泌．尾部の角状管を図のように立てて，分泌物を出す

　集合フェロモンは魚類についてもかなり詳しく調べられている．いわゆるゴンズイ玉をつくらせるフェロモンはその一例である．哺乳類に関しても，ある種のにおい物質がコミュニケーションの手段に使われている例はいくつも知られている．

　フェロモンは同種個体間のコミュニケーションの手段だが，他種の生物に影響を与える化学物質もある．そのうちで，発散する生物種の方に役立つ物質は

アロモンとよばれる．たとえば，警報フェロモンはときにアロモンとして作用し，捕食者を退ける効果をもつこともある．一方，逆に結果として，発散する側が損をするタイプの物質を**カイロモン**という．たとえば，植物の発散するある種のにおい物質は植食者を誘引することになるのでカイロモンとして働く．ところが，植物は植食者に葉をかじられると，特殊なにおい物質を発散することがある．その物質は，植食者の天敵を誘引する作用をもつため，間接的にアロモンの機能をもつことになる．

### 8·2·2 プライマー・フェロモン

内分泌系に働きかけてホルモン分泌などに変化を与えることにより，一連の生理的，形態的変化を引き起こすフェロモンをプライマー・フェロモンという．多くは食物とともに経口的に摂取され，その効果は継続的である．その一

$$CH_3CO(CH_2)_5CH=CHCOOH$$

図8·7 女王物質の構造の一例

例はミツバチやシロアリのような社会性昆虫の階級分化（8·3参照）を規定するフェロモンで，ミツバチの**女王物質**が有名である．女王物質は，女王バチが産卵活動を続けている間中，その皮膚全体にぬりつけられていて，働きバチが口うつしに次々とそれを伝達することによって，本来は雌である働きバチの卵

---

### ヒトのフェロモン

ヒトは言語というきわめて効率の高いコミュニケーション手段をもつ代わりに，嗅覚に関しては明らかに他の多くの動物に劣ると言わざるをえない．

しかし，ヒトにもフェロモン様物質の存在を否定できないことを示す例はいくつかある．その１つは，寮などで女子が多数起居をともにする場合に，彼女らの月経周期がたがいに同調化の傾向を示すことである．この傾向は同居する時間の長いもの同士ほど強くなるというデータもある．その生物学的意味は不明だが，何らかのフェロモンを出し合う結果ではないかといわれている．しかし，ヒトの場合には意識，視覚，言語などの要素が強く混入するばかりでなく，実験の行えない事情があるため，解析は非常に困難である．

巣の成熟が阻止され，階級分化が促される．

大集団をなして作物を食害することで悪名高いバッタの種類では，雄のアラタ体で生産されるフェロモンが雌の卵巣の成熟を促す作用のあることが知られている．これらのバッタの雌だけを集団で育てると，大部分の個体の卵巣は正常に成熟しないが，1頭でも雄を加えると，たとえ金網で遮断しておいても雌の卵巣は正常に成熟するようになる．この場合，アラタ体を除去した雄を加えたのでは，このような効果はみられない．

## 8・3 動物の社会

動物の集団は，個体が何となく集まっている状態のものから，家族，順位，なわばり，群れ，リーダー制のように，明瞭な個体関係の存在によって成り立っているものまでさまざまである．これらの集団形成の基礎となっているのは，いずれも行動上の**誘引性**と**反発性**という相反する2つの性質のバランスである．

### 8・3・1 群れとなわばり

魚類の社会関係は，高等な脊椎動物の社会の原型と考えられるもので，単純な誘引性と反発性とで説明できる場合が多い．ある程度 誘引性のある種では何となく集まっているだけで，個体間の間隔はほぼ等しく保たれている場合でも，向きはばらばらで，統制のとれた集団で移動することはない．コイやキンギョ

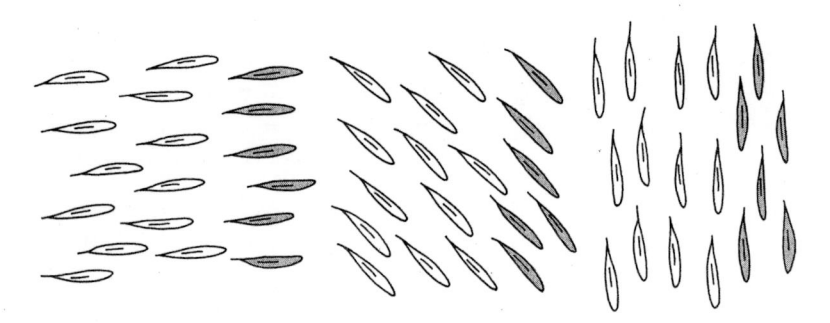

図8・8 **魚の群れの方向転換** 群れが方向を変えるとき，最前列（灰色）の個体に代わって列の側面にいた別の個体が先頭にくる（Shawより）

などの集団がこの例である．誘引性がさらに強くなると，魚は一定の間隔をおいて全部が同じ方向へ等しい速さで運動するようになる．これを**群れ**という．

群れでは，向きが変わるたびに先頭の個体が入れ代わることからわかるように，リーダー個体は存在しない．つまり，群れ社会ではすべてのメンバーが同権である．群れでも反発性はわずかに存在し，2尾が接触するほど接近すると，一過的に離れ合う．例外的に反発性をほぼ完全に失っているのがゴンズイの群れである（8・2・1参照）．

集団の中で反発性が誘引性より強くなると，2尾が接するとどちらかが相手を避ける．反発性がさらに強まると，接近する相手を威嚇して周囲から追い払おうとする．このような攻撃行動によって自分の周囲の一定の空間を防衛するのは**なわばり行動**とよばれ，防衛される空間が**なわばり**（テリトリー）である．魚ではイワナ，ヤマメ，アユなどにその例がみられる．

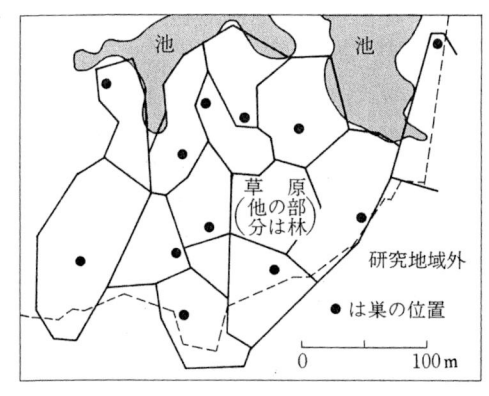

図8・9　シジュウカラのなわばり

### 8・3・2　順位とリーダー制

集団内での攻撃行動が激しくなると，なわばり形成のない場合でも，個体の間に攻撃に関する優劣関係が生ずる．この関係を**順位**という．雌のニワトリの集団で調べた研究によると，最上位の個体は下位のすべての個体をつつき，第

表8・1　ニワトリのつつき関係

| 個体 | つつく数 | つつかれる個体 |
|---|---|---|
| A | 6羽 | B C D E F G |
| B | 4羽 | C   E F G |
| C | 4羽 | D E F G |
| D | 4羽 | B   E F G |
| E | 2羽 | F G |
| F | 1羽 | G |
| G | 0羽 | |

**図8・10** 繁殖期のオットセイの集団の構造．中心部の大型個体はハレムオス．まわりにいるのがアブレオス．遠方の集団はワカモノ（伊藤嘉昭，「比較生態学」岩波書店より）

2位の個体は3位以下全部をつつくというように攻撃の順位が明確で，下位の個体が上位を攻撃することはほとんどみられない．これは絶対的順位制だが，ハトやカナリアでは順位は相対的で，攻撃の回数や負かした相手の数から上下関係を推測できるだけである．一般に魚類やネズミは独裁型順位制で，最上位の個体の2位以下への攻撃だけが際立ち，2位以下の個体間の攻撃行動はまれである．

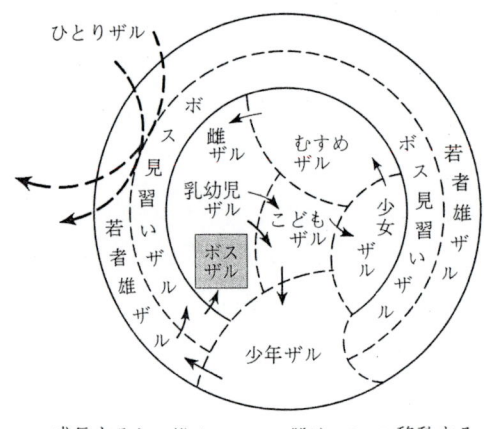

**リーダー制**は，元来このような順位制の進化により生じたものと考えられる．主として哺乳類の集団において，1頭ないし数頭の決まった個体がリーダーとしてふるまい，新しい採餌場所への出発，敵からの逃避や防衛に際して集団全体を導くのが

**図8・11** ニホンザルの社会構造（高崎山）
成長すると，雄は→，雌は→へ移動する

リーダー制である．シカの類のように，繁殖期以外には雌と雄のグループが別に生活し，雌の集団にのみリーダーがいるものや，アラスカのオットセイのように，いわばハレムを形成し，1頭の雄が数十頭の雌を従えている場合など，リーダー制の形態は多様性に富んでいる．

霊長類では，下等な種以外はほとんどすべての種が永続的な群れ，または家族集団を生活の基本としたリーダー制をとっている．サルの社会は雌と雄の両性からなる集団で構成されている点でも，進化の上でヒトの家族に近いといえる．

### 8・3・3 社会性昆虫

シロアリ，アリ，ミツバチなどの社会性昆虫は，脊椎動物の社会とはまったく別の経路で進化してきたものでありながら，一見すると霊長類のリーダー制にも匹敵する複雑な社会組織を構成している．社会性昆虫のもっとも著しい特徴は，常時高度に組織化された集団を構成していることと，その集団がいくつかの**カスト（階級）**から成り立っていることである．カストを大別すると，生殖に携わる生殖カストとそれを行わない非生殖カストになる．非生殖カストは採餌，育児，造巣などを行う労働カストと防衛活動に専門化した兵隊カストにわけられる．ただし，ハチには兵隊カストはなく，労働カストが防衛活動をも担当している．

社会性昆虫の労働カストの行う共同作業は，種によってはきわめて複雑である．アリの中には他種の巣から奪ってきた幼虫を奴隷にしたり，アブラムシを家畜にしたり，キノコを栽培したりする種さえある．しかし，彼らのこのように複雑な行動は，ほとんどすべてが学習で得たものではなく，遺伝的に規定されたものである点，人類の行動とは根本的に異なる．また，昆虫の社会性は元来，家族を出発点として進化したもので，ここには順位関係はみられず，脊椎動物の集団のように順位制からリーダー制が生じて形成されたものとはまったく異質である．

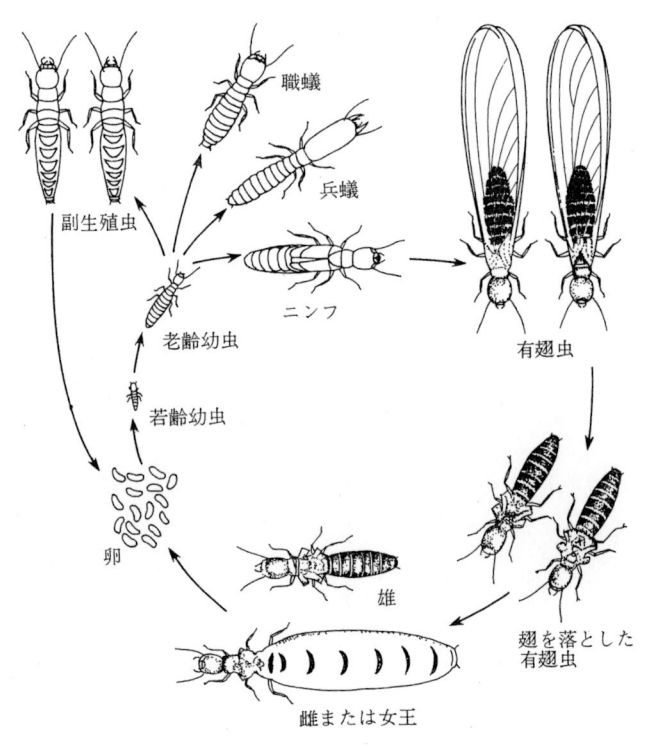

図8・12 ヤマトシロアリ属の階級分化 (Kofoid, 1934より)

表8・2 アリ, ミツバチ, シロアリの性とカストの関係

|  | 膜 翅 目 | | 等翅目 |
| --- | --- | --- | --- |
|  | ア リ | ミツバチ | シロアリ |
| 生殖カスト | 女王アリ(♀)<br>雄 ア リ(♂) | 女王バチ(♀)<br>雄 バ チ(♂) | 女王アリ(♀)<br>王 ア リ(♂) |
| 非生殖カスト<br>　労働カスト<br>　兵隊カスト | <br>働きアリ(♀)<br>兵隊アリ(♀) | <br>働きバチ(♀)<br>な　し | <br>働きアリ(♀, ♂)<br>兵隊アリ(♀, ♂) |

## 社会性哺乳類

　社会性昆虫というときの「社会性」（厳密には「**真社会性**」）とは，次の3つの要件を満たす場合を指している．①成熟個体が未成熟個体を保護，保育する，②2世代以上の成熟世代が同居共存する，③非生殖カストが存在する．この定義に照らした場合，どうみてもヒトは要件3を満たしていないので「真社会性」動物ではないことになる．実際，哺乳類には要件1および2を満たす動物種は数多く知られているが，要件3を満たすものは存在しないのではないかと長年考えられていた．

　ところが，1981年になって，ハダカモグラネズミという哺乳類がこの真社会性をもつことが発見された．ハダカモグラネズミは南ア連邦，ソマリア，ケニアなどのサバンナ地域に数種知られており，いずれも最大500頭前後のグループで完全な地中生活をしている，ラットほどの大きさの，ほとんど体毛をもたない哺乳類である．この動物では，1つのグループ内に生殖能力をもつ雌は1頭しかおらず，これがいわば女王の位置にある．生殖能力をもつ雄は1～数頭いるが，残りはすべて本来の雌も雄も，生殖能力を失った労働ならびに兵隊カストである．

　労働カストの役割の1つは，地中生活者に不可欠の穴掘りで，多数の個体が縦に並んで次々と後足で土を掻き出す協同作業を行う．労働カストのもう1つの役目は食物の採取である．地中生活で彼らの眼はほとんど退化しているが，きわめて鋭敏な嗅覚を頼りに，植物の塊茎を探り当てる．兵隊カストは労働カストより大型で，やはり嗅覚によって，ときに地中に侵入してくるヘビなどの天敵を察知し，デバネズミという別名の由来である大きな歯でかみついてそれらを撃退する．

　女王ネズミの尿中に含まれるプライマー・フェロモンとある種のホルモンが生殖腺の発達を二次的に抑制することが，このネズミに非生殖カストをつくらせていることもわかっている．この機構はミツバチの場合に似ているが，2つの社会性がたがいに独立に進化したものであることには疑問の余地がない．昆虫類の中でさえ，社会性は何度も独立に進化したことが示されている．昆虫類以外で真社会性をもつ動物としては，他にもサンゴ礁に住むテッポウエビの類が知られている．

## 8・4 生物群集

1つの地域に住む，同種の生物の個体の集団を**個体群**というのに対して，その地域の種々の植物および動物の個体群の全体を**生物群集**とよぶ．生物群集を構成する種はすべて，直接的あるいは間接的関係でつながっていると考えられる．

### 8・4・1 生 態 系

生物群集とそれをとり巻く無機的環境とを一体としてみたとき，これを生態系という．生態系の中では各生物種の個体群はそれぞれ**生産者**であったり，**消費者**であったり，あるいは物質の**分解者**の役割をはたしている．生産者は太陽エネルギーによって無機物から有機物を合成している緑色植物や一部の微生物である．この有機物を餌とする生物はすべて消費者である．これには直接植物体を食べる第一次消費者（**植食者**）から，その動物を餌とする肉食の動物や寄生生物，さらにそれらを捕食する動物というように，複雑な連鎖関係で二次，三次，……，高次の消費者が存在する．これが**食物連鎖**または食物網とよばれる関係である．これらの動植物の排出する有機物や遺骸などを分解して無機物にするのは，おもに土壌中に住む微生物で，分解者または還元者とよばれる．

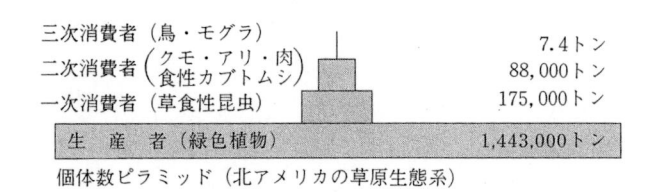

```
三次消費者（鳥・モグラ）                    7.4トン
二次消費者（クモ・アリ・肉                  88,000トン
            食性カブトムシ）
一次消費者（草食性昆虫）                    175,000トン
生　産　者（緑色植物）                    1,443,000トン
```
個体数ピラミッド（北アメリカの草原生態系）

図 8・13　生態的ピラミッドの例

このように1つの生態系の中では物質やエネルギーの循環が行われている．通常，このような循環は1つのバランスの下に長期間安定に保たれている．しかし，外部条件の特別な変化によってはこのバランスのくずれることがある．たとえば，農薬の使用などで，ある段階の動物群だけが選択的に殺されたり，帰化植物など本来その生態系に属していなかった生物が突然侵入してきたりした場合などがそれである．

## 8・4・2 生態的地位

生物群集の中で1つの種が他の生物種との関係ではたしている役割は自ずから定まっている場合が多い．この役割のことを**生態的地位（ニッチ，ニッチェ）**という．ニッチはある群集の中で，1つの種がどのような立場にあるかを示す概念である．

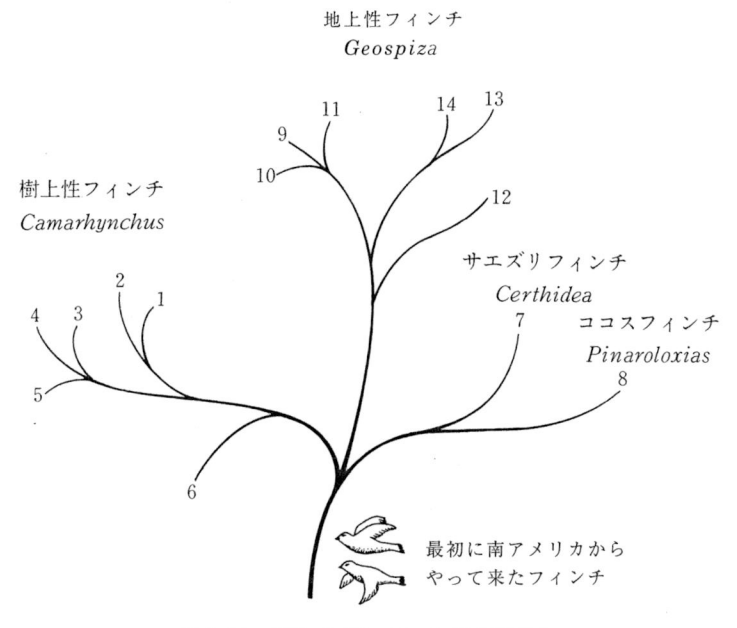

地上性フィンチ
*Geospiza*

樹上性フィンチ
*Camarhynchus*

サエズリフィンチ
*Certhidea*

ココスフィンチ
*Pinaroloxias*

最初に南アメリカからやって来たフィンチ

**図8・14　ガラパゴス・フィンチの種分化**

ガラパゴス諸島のフィンチ類は，かつては森林性の鳥類のいなかったこの群島へ侵入して14種にも分化し，それぞれのニッチを占めるに至ったと考えられている．たとえば，そのうちの1種は木に穴を空けて中の昆虫を捕食するが，これはアメリカ大陸においては本来キツツキが占めていたニッチを，ここではフィンチが占めたことを示している．このように，ニッチはその種の生活様式を通じて，種間の関係によって総合的に決まるものであり，環境やそこに住む生物群集のあり方が異なれば，必然的に異なるものとなる．

### 8・4・3 種間関係

異種の個体または個体群の相互作用は，食物および生活のための空間をめぐって生ずる．種間関係には，2種の個体群が同一地域に共存しても，食物や生活空間に関して何らの関わり合いのない中立の関係から，競争，片利共生，相利共生，捕食および寄生などさまざまなものがある．競争は，一般に同一のニッチを占める近似した種間でもっとも激しく，外来種が侵入して在来種と同じニッチを争いだすと，在来種が圧迫される場合がよくある．おそらく自然個体群では，競争が激化して絶滅が訪れないうちに，一方が食物や生活空間の変更を行って競争を避ける方向へ適応が働くのであろう．

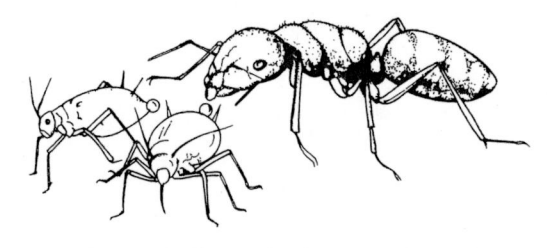

**図 8・15　相利共生の例（アリとアブラムシ）**

2種以上の生物が同一の生活空間を占め，それによって少なくとも一方の種が影響を受ける関係を**共生**という．共生によって利益を受けるのが一方か双方か，あるいは一方が他方に不利益をもたらすかなどによって，共生を片利共生，相利共生，**寄生**などに細分化して考えることがよく行われるが，これらの中間段階の関係も少なくない．他の昆虫に卵を産みつける寄生バチと宿主の関係は，一種の寄生ではあるが，最終的には後者の命が奪われる点で捕食にも通じるところがあり，**捕食寄生**とよばれる．

### 8・4・4 物質循環

地球上では，植物の光合成によって年間 $5 \times 10^{10}$ トンの炭素が有機物へ変えられている．大気中の全二酸化炭素の炭素量は $6 \times 10^{11}$ トンなので，その約80分の1が毎年の光合成に使われていることになる．言い換えれば，80年間で二酸化炭素が大気と生物の間を一巡する計算である．光合成により大気から取

り込まれた炭素は，植物体内や植物から動物へ移動することによって，さまざまな有機炭素に変わった後，呼吸により分解されて二酸化炭素となり，大気中へ戻される（5・3，5・4参照）．一部は石油や石炭として有機炭素のまま地中に保存される．

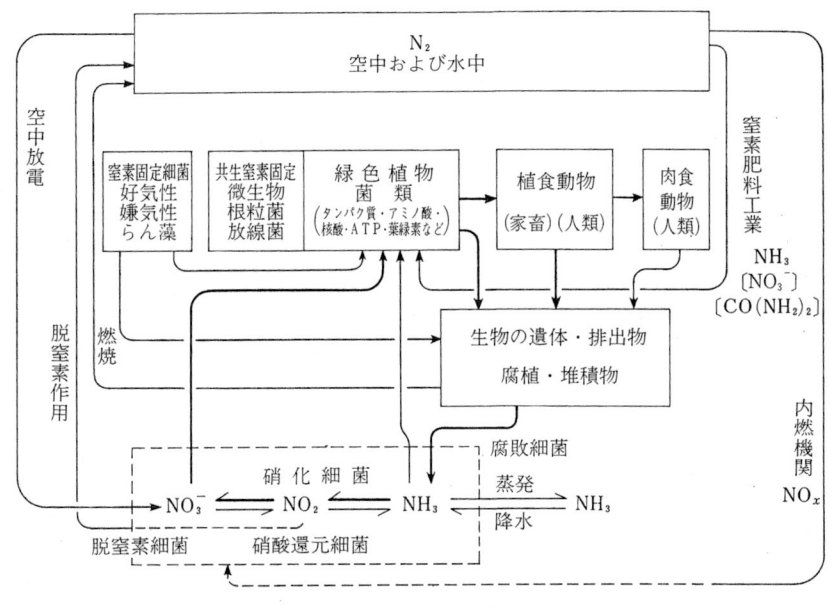

**図 8・16　窒素循環の模式図（門司）**

動物はタンパク質や核酸の素材となる有機窒素化合物を自力では合成できないので植物から摂取する．植物は無機窒素化合物と光合成によって生ずる有機炭素を用いて有機窒素化合物を合成することができる．体内で不要となったタンパク質や核酸は分解され，アンモニア，尿素，尿酸などの形で体外へ排出される．これらは化学変化を経た後，再び窒素源として植物に吸収されるが，それ以外に，地中の微生物の働きで分解され，気体の窒素として大気中へ放散される部分もある．逆に大気中の窒素を地上へ回収する作用（**窒素固定**）は，一部は空中放電による酸化にもよるが，大部分は窒素固定細菌によってなされる．このような働きをする細菌として有名なものは，マメ科植物の根に細胞内

共生する根粒菌である．

## まとめの問題

1. 動物の定位行動とは何か．また，その主要な手がかりは何か．
2. フェロモンとホルモンの類似点と相違点を述べよ．
3. リリーサー・フェロモンとプライマー・フェロモンの区別を述べよ．
4. ヒトに存在するフェロモンの証明が難しい理由を3つあげよ．
5. 動物は一般になぜ集団をつくるのか．
6. なわばりとは何か．
7. 順位制における下位の動物がグループから逃げ出さないのはなぜだと考えられるか．
8. 哺乳類のリーダー制と女王を頂点とする昆虫の社会とで基本的に異なる点は何か．
9. 社会性昆虫ではコロニー自体が1つの個体とみなされ，個々の昆虫は細胞に対応するといわれることがある．それはなぜか．
10. ヒトが真社会性動物とみなされない理由はおもに何か．
11. 農薬の使用や帰化植物によって生態系のバランスが崩される過程を考えよ．
12. 生態的地位（ニッチ）とは何か．
13. 捕食と寄生の共通点と相違点をあげよ．
14. 炭素循環と窒素循環はどのようにして関連しあうか．

# 9 生物としての人間

　生物としての人間，つまりヒトが哺乳類の一種であり，チンパンジーやゴリラときわめて近い関係にあることは誰でも知っている．確かにヒトの身体のつくりや働きについては，ネズミやモルモットを調べれば大部分はわかるし，サルを実験につかえば，ほぼ完全に理解できる．しかし，ヒトが人間であることに起因する特有の問題については，サルはほとんど何も答えてくれない．その問題とは，ヒトだけが大脳の発達に基づく「意識」をもつという事実と関連している．

## 9・1　人類の起源と進化

　哺乳類はは虫類の中の**獣形類**とよばれる一群から進化してきたと考えられている．獣形類には多数の系統があり，化石の証拠からは，これらの系統からそれぞれの哺乳類の系統が生じたことがうかがわれる．たとえば，原始的哺乳類といわれる単孔類（カモノハシ）は，他の哺乳類とは違った系統に由来するといわれている．

### 9・1・1　霊長類の起源

　新生代第三紀以降，哺乳類は多くの系統へ分化したが，霊長類はその中の原始食虫類から生じたことはほぼ間違いない．現在発見されている最古の霊長類化石は，ちょうど恐竜類の絶滅の頃に当たる，約6500万年前のものである．この化石は，アメリカ・モンタナ州のバーガトリーヒルというところで発見されたので，この霊長類の祖先は**バーガトリウス**とよばれている．ただし，バーガトリウスが化石として残したのは，前後の長さが1.85 mmしかない，たった1本の下顎第2大臼歯だけである．大臼歯のサイズからみて，この霊長類の祖先はマウスほどの大きさだったと推定される．原始的なサルを**原猿類**と総称

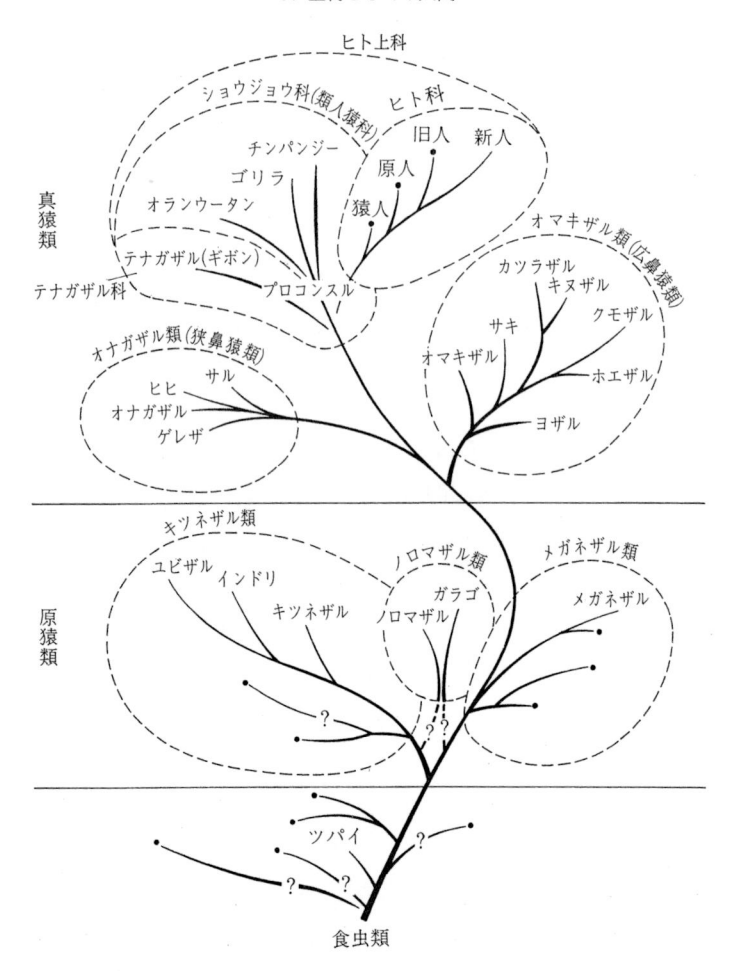

図 9・1　霊長類の系統（Remane より改図）

するが，バーガトリウスは原猿類の中でもとくに原始的な特徴をもっており，原始食虫類から霊長類への初期の進化を代表する種の1つと考えられる．

　バーガトリウスを含む原猿類は初め，北アメリカ大陸で多様に分化したが，この地の砂漠化の進行に伴い，ほぼ5000万年前には，南米大陸や当時陸続きであったヨーロッパへ移住するようになった．やがてオマキザル（広鼻猿類），オナガザル（狭鼻猿類），ヒトを含む真猿類が分岐したものと考えられる．この

うち，類人猿や人類の祖先となったのはヨーロッパへ移住した霊長類である．

### 9・1・2 人類の進化的位置

真猿類の中で類人猿およびヒトを含むグループは**ヒト上科**とよばれる．従来の分類法では，ヒト上科はヒト科，ショウジョウ（オランウータン）科およびテナガザル（ギボン）科に分けられていた．この考えは，直立二足歩行という人類の特徴が独特であることを強調するものであった．しかし，1960年代に

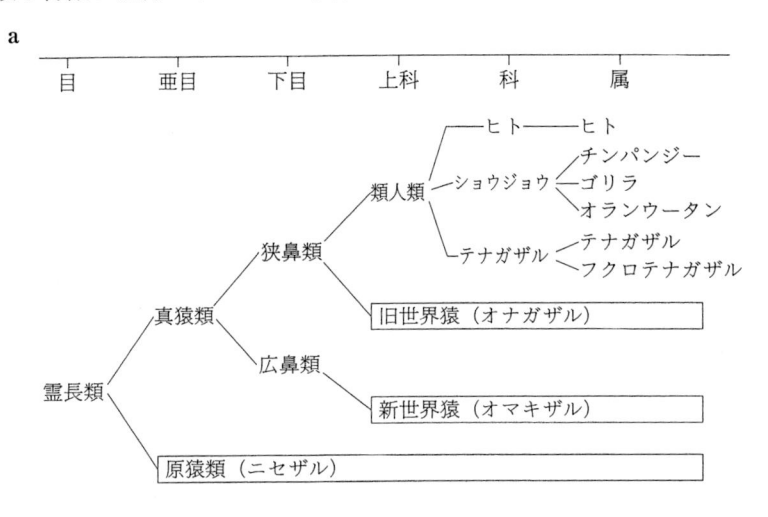

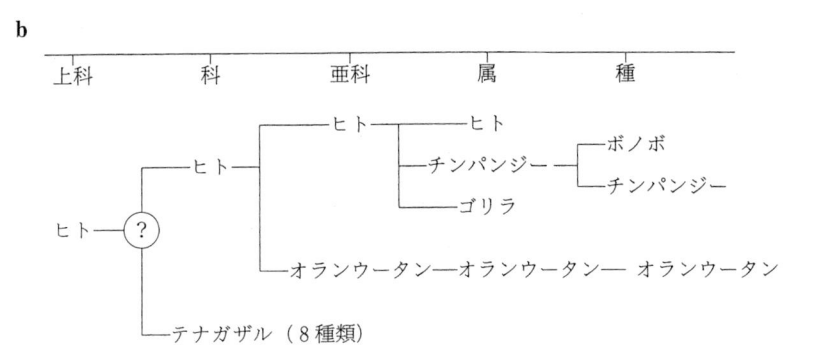

**図9・2** サル類の中でのヒトの分類学的位置．a：1960年代までの古典的考え方，b：分子人類学の成果によって改変されたヒトの位置づけ（尾本より）

始まる分子人類学によって，現生の種間で染色体，タンパク質，DNAなどが比較された結果，ヒト科とショウジョウ科の相違は，従来考えられていたよりもずっと小さいことが明らかとなった．また，オランウータンに比べて，ゴリラとチンパンジーがヒトにずっと近縁であることが示唆された．

この結果，分類学上のヒトの位置にも変更が迫られた．現在では，チンパンジー（チンパンジーとボノボの2種）とゴリラをヒト科に含めることで，ほぼ見解の一致がみられている．したがって，ヒト科はヒト亜科とオランウータン亜科という2つのグループに分けられる．ただし，テナガザル（ギボン）を科または亜科のどちらで区別するかについては意見が分かれている．

### 9・1・3　現生人類への道

分子人類学のデータは，現生人類ともっとも近縁な類人猿がチンパンジーであることを示しているが，2つの祖先がいつ頃分岐したかの証拠となるのは化石である．類人猿と異なる特徴をもつ人類の化石は，最近相次いで古いものが発見されているが，発見地はいずれもアフリカであり，人類発祥の地がアフリカであることはまず間違いない．そのような化石の中で最古のものは，2002年に中央アフリカのチャドの砂漠で発見された頭骨で，その持ち主には**サヘラントロプス・チャデンシス**という学名が与えられた．これによって，人類と類人猿の祖先の分岐は，少なくとも600〜700万年以上前だと考えられるようになった．

類人猿と異なるだけでなく，明らかに現生人類と共通の特徴をもち，ヒトの直系の祖先と考えられているのは，アフリカのタンザニアで化石の発見された，約200万年前の猿人**ホモ・ハビリス**である．その後約150万年前になると，直立歩行に適した骨格をもつ**ホモ・エレクトス**が出現した．彼らは原人とよばれ，一時代前のホモ・ハビリスよりも手の込んだ石器を使った．

約25万年前になると，現生人類と同種の**ホモ・サピエンス**（古代型）が現れる．およそ10万年前になって北半球の氷河時代が始まると，古代型ホモ・サピエンスの中で，すでに寒さに適応していた人々が分布域を広げて支配的地位を占めるようになった．これが旧人とよばれる**ネアンデルタール人**である．

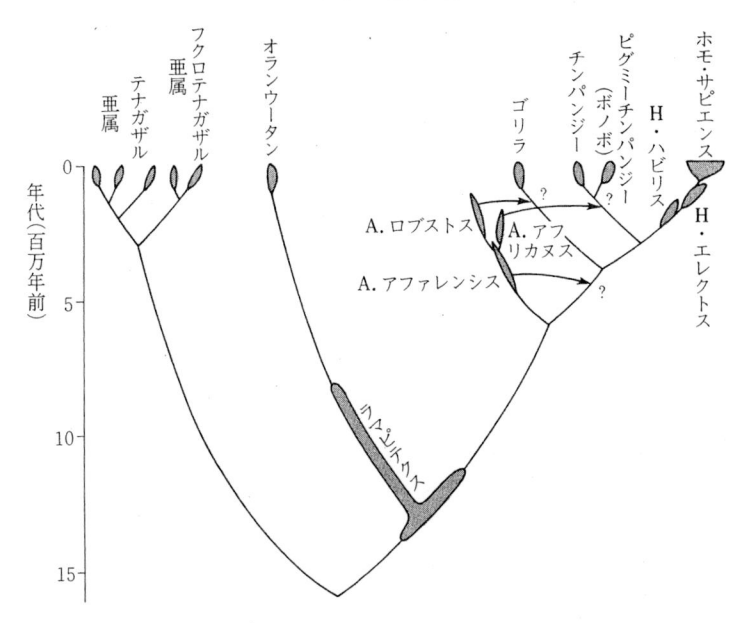

**図9・3　ヒト上科の進化の系統樹**（長谷川政美，「DNA からみた人類の起原と進化」海鳴社より）

彼らは現生人類（現代型ホモ・サピエンス）に比べて大柄で，頑丈な体格をしており，脳容量もわれわれの平均（1400 ml）をわずかながら上まわっていた．彼らは精巧な石器を用いたばかりでなく，死者を埋葬する風習や弱者の保護といった高度の文化性をもっていたという説もある．

### 9・1・4　ミトコンドリア・イブ

地球の温暖化とともにネアンデルタール人はその優位を失い，約3万5000年前に絶滅した．これに代わって**クロマニョン人**が登場する．クロマニョン人は新人，すなわち現代型ホモ・サピエンスで，すべての現生人類の祖先である．新人の起源としては，単一アフリカ起源説が有力である．これは，約20万年前のアフリカで旧人の1集団から新人が生まれ，その後アフリカを出て世界中に広がり，現代人のすべての集団の礎となったという考えである．この説は，アジアやヨーロッパにいた原人や旧人は絶滅したと考えるところから，ノアの箱船説ともよばれる．

1987年に発表された，ヒトのミトコンドリア DNA の比較研究の結果も，この説を裏づけるものであった．世界中のさまざまな集団からのミトコンドリア DNA の塩基配列を系統的にまとめ，ミトコンドリア DNA が母性遺伝すること（7・6・9 参照）を念頭に置いて系譜をさかのぼると，すべてが約 20 万年前にエチオピア近辺に住んでいたと思われる，1 人の女性に収斂するという結果が得られたからである．この仮想上の女性を人類の共通祖先とみなし，ミトコンドリア・イブとよぶ人もいる．

### 9・1・5 人 種

現生人類はすべて同一種，ホモ・サピエンスに属する．したがって，人種は亜種に相当するが，亜種を区分する絶対的基準はないため，判断は任意的にならざるをえない．一般にはヒトを **3 大人種**，すなわちコーカソイド（ヨーロッパ人種），モンゴロイド（アジア人種），ニグロイド（アフリカ人種）に分けるが，この他にオーストラロイド（オセアニア人種）およびカポイド（コイサン人種）を区分することもある．

根井らはタンパク質の種々の変異型や血液型などに関する 200 近くの遺伝子座の遺伝子頻度の解析を行い，3 大人種間の遺伝距離を計算した．それに基づ

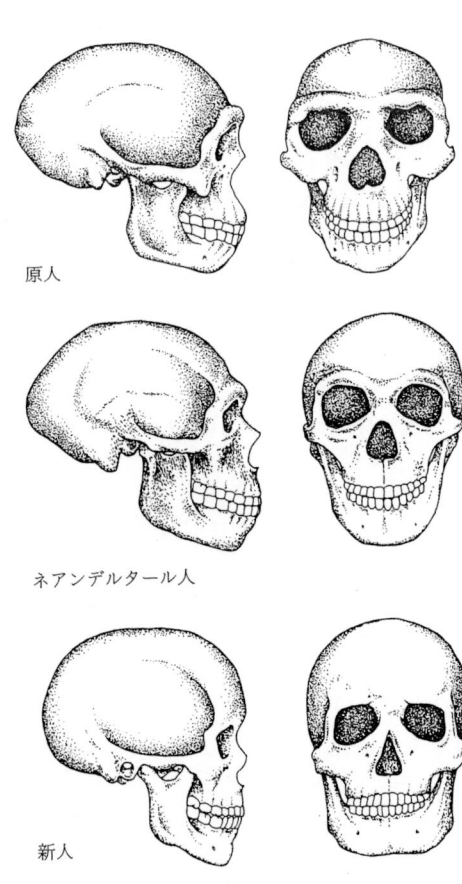

図 9・4 原人（ホモ・エレクトス），旧人（ネアンデルタール人），新人（現代型ホモ・サピエンス）の頭蓋の比較

原人

ネアンデルタール人

新人

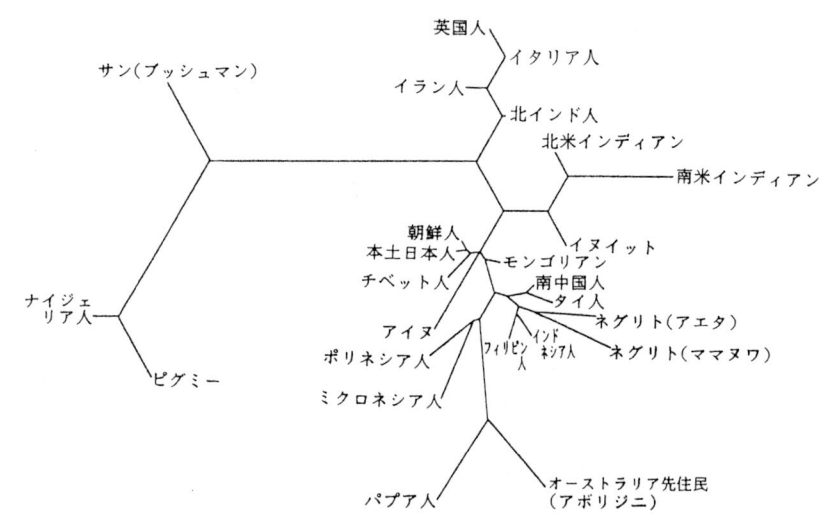

図 9·5　現代人集団の系統樹．23 種類の遺伝的多型の対立遺伝子頻度のデータに基づいて構築された（尾本による）

いて，3 大人種間の分岐年代について次のようなデータが得られている：コーカソイド・モンゴロイド間，5 万 5000 年前；コーカソイド・ニグロイド間，11 万 5000 年前；モンゴロイド・ニグロイド間，12 万年前．

　人種は一般に，皮膚の色，体形，髪，鼻の形などに関し，固有な形質を備えている．これらは元来，地球上の各地へ分布したおのおのの祖先が，そこの環境へ適応するようくり返し選択を受けた結果である．そのような環境の中でも人類に決定的な作用をおよぼしたのは，高温と寒冷，乾燥，そして紫外線である．各人種のもつ特徴のほとんどすべては，これらのいずれかを選択の要因と考えると説明がつく．人種による鼻の形の違いもその一例である．北欧人やアジア高冷地の種族の鼻は高く，アフリカやポリネシアの住民の鼻は扁平である．冷涼地の住民の鼻が高いのは，冷たい空気を細長い鼻孔で暖めるためといわれている．湿度も鼻の形の選択要因であることが示唆されており，低温，低湿なほど鼻は高く，高温，多湿なほど扁平になると結論できる．

## 9·2 ヒトの遺伝

交配実験をおもな手段としてきた従来の遺伝学にとって、ヒトは実験に使えず、世代が長く、しかも同胞数が少ないため、扱いにくい材料であった。しかし、分子遺伝学や集団遺伝学の発展に伴って、ヒトの遺伝についても多くの事実が明らかになってきた。

### 9·2·1 氏と育ち

人間は一人ひとり特有の個性をもっている。個性が**遺伝**による形質の1つなのか、**環境**によって二次的に形成されるのかは判断の難しい場合が多い。ひと組の一卵性双生児はまったく同一の遺伝子型をもつから、理屈の上では彼らをたがいに異なる環境で育ててみれば、これらの要因を分離できるはずだが、ヒトを対象として、このような実験を本格的に行うわけにはいかない。個性の中でも、目に見える身体的特徴には、確かに遺伝だけによって決まるものもある。しかし、身長のように比較的遺伝的支配の強い個性に対してさえ環境が影響することは、第二次大戦後に日本人の平均身長が著しく伸びたことを考えればよく理解できる。

ウォディントンはヒトの発達における遺伝と環境の役割を、高地から低地へ向かって下降する傾斜地形にたとえている。つまり、どのような特性が発達するかは、1個のボールがこの地形をどのような経路で転がり落ちるかにたとえられる。斜面には谷筋が刻まれていて、ボールはたいていその谷筋どおりに転がるが、谷が浅ければそこから外れる頻度が高くなろうし、谷はところどころで分岐し、どちらの支路に入るかはボールの転がる速度によって左右されるだろう。この比喩によれば、深く刻まれた谷筋ほど遺伝的支配の強い形質ということになる。

### 9·2·2 ヒトの染色体

ヒトの体細胞の染色体数 ($2n$) は46である。このうち22対が常染色体、残り2つが性染色体で、女子ではXX、男子ではXYの組合わせになっている。類人猿のチンパンジー、ゴリラ、オランウータンの染色体数はいずれも48である。ヒトの染色体がこれより1対少ない原因は、類人猿との共通祖先

から分岐した後で，ヒトの祖先ではチンパンジーの第12および第13番に相当する染色体が融合したことに求められる．こうしてできたのがヒトの第2染色体である．このことは，染色体を特殊な方法で染めたときにみられるバンドのパターンから推測される（図7・6参照）．同じ技法によると，ヒトとチンパンジーの染色体の間には，少なくとも10か所で大規模な逆位と転座のあることが認められる．

### 9・2・3 遺伝的多型

ヒト一人ひとりの形質が異なるのは遺伝子が異なるからである．その中でも，遺伝子座が異なる対立遺伝子によって占められることにより起こる変異を**遺伝的多型**という．遺伝的多型はメンデルの基本法則（7・6参照）に従って遺伝されるから解析が容易で，集団内および集団間の変異の研究上有用なものである（9・1・5参照）．ABO式血液型（7・6・7参照）は遺伝的多型の1例だが，これ以外にも酵素などのタンパク質に多くの多型が見いだされている．多くの例で，1つの遺伝子座に対応する対立遺伝子はおもなものが2～3みられるが，単一の集団内では，そのうちの1つが圧倒的多数を占めることが多い．

耳あかには乾型と湿型があり，家系調査によりこれが遺伝的多型の例であることがわかっている．湿型遺伝子（$W$）は乾型遺伝子（$w$）に対して優性である．日本人では84％が乾型であり，これに基づいて$W$および$w$の頻度を求めると，おのおの0.084および0.916になる．この頻度には著しい人種的差違があり，乾型が高頻度に存在するのは東北アジアを中心とするモンゴロイドの特徴といわれている．

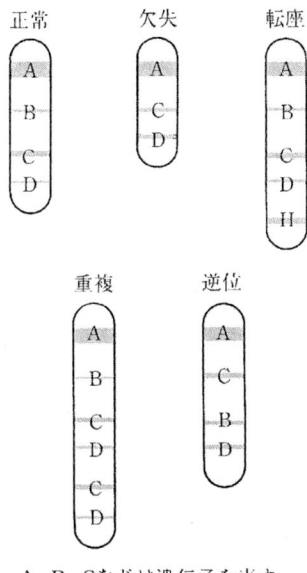

A, B, Cなどは遺伝子を表す

**図9・6 染色体の構造変化**

## 9・3 ヒトゲノム

　ヒトのゲノムはおよそ30億塩基対の長さをもつDNAからなり，それが22本の常染色体と1本の性染色体に分かれて存在している．ヒトの体細胞は複相（$2n$）なので，このようなゲノムがつねに2つ含まれている．ヒトゲノムを構成する30億塩基対の塩基配列を端から端まで知り，そこに含まれる遺伝子をすべて明らかにしようというのが**ヒトゲノム解析**である．ヒトゲノム解析は1990年にスタートし，世界各国の研究機関の協力の下に2003年春にその完了が宣言された．

### 9・3・1　遺伝子とタンパク質の数

　ゲノム解析が行われるまで，ヒトは5万～10万種類の遺伝子をもつと予想されていた．抗体の多様性（6・5・2参照）は別にしても，ヒトは非常に多くのタンパク質をもっているし，複雑な脳の機能などを考えると，遺伝子のレパートリーは当然この程度はあると考えられていた．ところが，ゲノム解析の結果，その数は意外に少なく，およそ32,000にすぎないことが明らかになった．この数字は，ゲノムの大きさがヒトとほぼ同じであるマウスのもつ遺伝子数とほとんど変わらないし，他の大部分の脊椎動物と比べてもせいぜい数千の違いでしかない．無脊椎動物のセンチュウやショウジョウバエでさえ，それぞれ19,000および14,000の遺伝子をもつことを考えると，ヒトの示す複雑な生命活動は必ずしも遺伝子の数の多さに基づくものではないことがわかる．

　遺伝子数は32,000程度だが，ヒトの合成できるタンパク質の種類は，抗体を除いても10万以上ある．このおもな原因は，1つの転写産物RNAから複数の種類のmRNAができる場合があることである．5・5・2でのべたスプライシングは，隣接したエキソンだけをつなぎ合わせるとは限らない．真核生物は，条件によってどのエキソンをつなぎ合わせるかを変える，**選択的スプライシング**という機構をもっているが，ヒトではこの機構がとくに発達しているものと思われる．選択的スプライシングによって単一の遺伝子から複数のmRNAを，したがって性質の異なる複数のタンパク質を合成できることが，ヒトの営む複雑な生物機能の鍵を握っているらしい．

### 9・3・2 種差と個人差

ヒトとマウスはほぼ同数の遺伝子をもっているが，ヒトの遺伝子の99%まではマウスにも類似の遺伝子があり，しかもその80%はたがいに見分けがつかないほどよく似ている．ヒトともっとも近縁な動物であるチンパンジーとヒトを比べると，ゲノム全体の塩基配列でみてもわずか1.23%の違いでしかない．

これに対して，ゲノム全体の塩基配列を比較したときのヒトの個体差（個人差）は最大0.1%であるが，この数字は他の生物にみられる種内の個体差よりもかなり小さい．現生人類の起源はせいぜい20万年前でしかなく，種としては進化的に非常に新しいために，他の生物ほど多様化が進んでいないからである．ここで非常に注目すべきことは，民族はもちろん，人種による差も，個人差の中に隠れてしまうという事実である．つまり，日本人とイギリス人の間にみられるゲノムの違いと，血縁のない日本人同士のゲノムの違いには有意の差がないということである．9・1・5 でみたように，人種間には明らかな形質の違いがあるにもかかわらず，ゲノム全体としては区別がつけにくいということは，一般に生物の進化を考えるうえでも興味深い事実である．

### 9・3・3 一塩基多型（SNPs）

9・2・3 でのべた遺伝的多型は，DNAにある遺伝子の座が異なる対立遺伝子によって占められることによって生ずる多型である．しかし，ヒトのゲノムDNAのうちで遺伝子が座を占めているのはせいぜい2〜3%にすぎない．残りの97〜98%を含めた全ゲノムDNAについて，多型がどの程度あるのかはゲノム解析を通じて初めて明らかになった．

ゲノム解析でわかったのは，全塩基配列の中で個人によって塩基が1つだけ違う（これを**一塩基多型**という）可能性のある箇所は，平均すると約1000塩基対に1箇所の割で存在するという事実である．ただし，この見積りは，人類集団のうちの少なくとも1%が，その箇所に同一の塩基をもつ場合だけを多型として問題にしているから，最近起こった突然変異による違いなどは無視し，進化的にある程度固定された変異だけを問題としていることになる．前節での

べた，個人によるゲノムの塩基配列の違い（最大 0.1%）は，この一塩基多型の頻度に基づいた数字である．

結局，ヒトの個体差を決めるのは，30億塩基対からなるゲノム中に300万箇所ある一塩基多型を，どのような組合せでもつかということになりそうである．個体差の中には，これまでの遺伝学では説明できなかった体質，気質，知能などの違いも含まれている．例えば，どのような組合せで一塩基多型をもつかによってヒトを100～1000タイプ程度に分け，それと体質の違いを対応させることができれば，一塩基多型のタイプを知るだけで，病気になった人の体質にもっとも効果のある治療薬を与えることも可能になるだろう．個人の一塩基多型のタイプを知ることは，ある種のキットを使えば，血液型を調べる程度にまで簡便化できるだろうと言われているから，一塩基多型に基づくきめの細かい医療も決して遠い夢ではない．

しかし，個人のゲノムに関する情報は最重要のプライバシーでもある．最先端の医療を受けるために，どの程度までプライバシーを犠牲にしてよいのか．近い将来論議をよびそうな問題も抱えている．

### ヒトゲノム解析の裏側

1990年にスタートしたヒトゲノム解析計画は，当初2005年末の完了を目標としていた．それが丸3年近くも前倒しして2003年初めに完了したのは，機器と解析技術に当初の予期以上の進歩があったためだが，その大きな原動力となったのは公的機関と企業の間の熾烈な競争であった．

ヒトゲノムの解析は，1990年代前半にはアメリカを中心とした公的機関によって進められていたが，やがてゲノム解析の方法などをめぐってメンバーの間に意見の相違が生じた．この結果，1998年には主要メンバーの1人であったクレーグ・ベンターが公的機関から離脱してセレラゲノミックス社を設立し，独自にヒトゲノムの解析に乗りだした．セレラ社の最終目的は営利にあったから，ゲノム解析が終了しても，その結果を無償で一般に公開することは考えていなかった．一方，公的機関の側はイギリス，日本なども加わって国際研究共同体に形を変えていたが，セレラ社の動きに危機感を募らせた．このままでは，人類社会が共有すべきヒトゲノム解析の成果を1企業

に独占され，特許によって囲い込まれてしまうというわけである．そこで企業体と公的共同体の間にすさまじい解析競争が始まることになった．初めはセレラ社がややリードしていたが，やがて公的共同体も追い込み，2001年2月には両者同時に，しかし別々の雑誌にヒトゲノムの概要を公表して，競争には一応の幕が降ろされた．

　その後のセレラ社の動きははっきりしないが，2003年に公的共同体が解析完了の宣言をしたことからみて，解析の成果を営利に役立てようという同社の当初のもくろみは，変更を余儀なくされたことは間違いないだろう．

## まとめの問題

1. 霊長類の起源の地を北アメリカ大陸と考える根拠は何か．
2. 従来，ヒト科とショウジョウ科の距離を遠いと考えていたおもな根拠は何か．また，なぜ最近その考え方が改められたのか．
3. 猿人，原人，古代型および現代型ホモ・サピエンスの関係，およびおよその出現年代を説明せよ．
4. 3大人種群とは何か．
5. ニグロイドのちじれた頭髪にはどのような適応的意味があると考えられるか．
6. ヒトの発達における遺伝と環境の役割を吟味するとき，一卵性双生児がよく研究対象になるのはなぜか．
7. 遺伝的多型の大部分において，特定の対立遺伝子が圧倒的多数を占める原因は何か．
8. 9・2・3の耳あかの遺伝において，表現型の84％が乾型だと，劣性の乾型遺伝子 $w$ の頻度は0.916と見積もられる．この計算の根拠を述べよ．
9. ヒトゲノム解析の意義を基礎生物学的側面と医学的側面からまとめよ．
10. ゲノムの塩基配列を比べたとき，ヒトの個体差（個人差）は最大0.1％だと考えられるが，同様に「生きている化石」とよばれる動物（例えば，シーラカンス）の個体差を調べると，その値はヒトの場合と比べてどうなると考えられるか．また，そう判断する根拠は何か．
11. ゲノムの塩基配列を比べる限り，人種内と人種間の個人差にはほとんど違いが

みられない．しかし，形態を比べると人種間には明らかに違いがみられる原因はおもに何だと考えられるか．
12. 自分のゲノム情報を知ることによるメリットとデメリットをまとめてみよ．

# 索　　引

## ア

アクチン　71
アーケア　39
アデニン　87
アブシシン酸　112
アポトーシス　81
アミノアシル tRNA　105
アミノ基　85
アミノ酸　85
アリストテレス　26
rRNA　100
RNA　72, 87, 90
RNA 酵素　90
RNA ポリメラーゼ　101
RNA ワールド　90
アレルギー症　129
アロステリック調節　92
アロモン　171
アンチコドン　104

## イ

ES 細胞　158
イオウ依存性菌　46
維管束　111
　　——系　80
　　——植物　52
異質染色質　71
依存分化　151
一塩基多型　193
一倍体　140

遺伝暗号　102
遺伝学　10
遺伝子型　160
遺伝子座　159
遺伝子操作　100
遺伝子の発現　99
遺伝情報　88
遺伝的多型　191
インドール酢酸　112
イントロン　101

## ウ

ウイルス　60
ウイロイド　61
ウーズ　39
ウラシル　87

## エ

液性情報　123
エキソサイトーシス　68
エキソン　101
S 期　73
エチレン　112
ATP　32, 93
エネルギー通貨　94
ABO 式血液型　164
mRNA　100
M 期　73
円柱上皮　76
エンテレキー　7
エンドサイトーシス　68

## オ

岡崎フラグメント　106
オーガナイザー　151
オーキシン　112
オパーリン　19

## カ

開花ホルモン　112
階級　175
開始コドン　104
解糖　97
　　——系　97
外胚葉　148
解剖学　12
海綿動物　56
カイロモン　171
化学合成細菌　99
化学進化　18
核酸　87
核小体　71
核相　142
核分裂　74
核膜　71
ガス交換　114
カスト　175
割球　146
滑面小胞体　67
ガードン　156
花粉　142
可変領域　130
カルス　155

カルビン・ベンソン回路
　96
カルボキシ基　86
間期　74
幹細胞　158
カンブリア大爆発　21

**キ**

機械論　7
気管　114
器官系　76
気孔　80, 111
基質　91
　　——特異性　91
寄生　180
帰巣　167
基本組織系　80
木村資生　34
旧口動物　58
9＋2構造　71
共生　180
　　——説　39
狭鼻猿類　184
極体　138
筋繊維　77
筋組織　77
菌類界　50

**ク**

グアニン　87
クエン酸回路　97
グラム陰性菌　43
グラム染色法　42
グラム陽性菌　43
クリステ　69

グルコース　97
クレブス回路　98
クローニング　100
クロマチン　88
クロマニョン人　187
クローンガエル　157
クローンヒツジ　157

**ケ**

形質転換　100
形態学　12
系統学　12
系統樹　38
結合組織　77
決定　150
ゲノミックス　11
ゲノム　11
原猿類　183
原核生物　39
顕花植物　54
嫌気呼吸　98
原形質膜　66
原口　148
　　——背唇　151
原始大気　18
減数分裂　136
原生人類　186
原生生物界　48
原生動物　48
原体腔類　56
原腸　114, 148
　　——体腔幹　57
　　——胚　114, 148

**コ**

好気呼吸　98
工業暗化　32
抗原　129
光合成　93
後口動物　58
光周性　113
後生動物　54
酵素　89
抗体　129
高度好塩菌　45
勾配説　153
広鼻猿類　184
興奮　119
　　——の伝達　120
　　——の伝導　119
孔辺細胞　111
5界説　40
呼吸　96
　　——系　113
古細菌　41
個性　190
個体群　178
個体変異　163
骨格筋　77
コドン　102
ゴルジ体　67

**サ**

サイトカイニン　112
細胞核　71
細胞質分裂　75
細胞周期　73
細胞生物学　9

細胞性免疫　131
細胞説　63
細胞分化　154
細胞分裂　72
細胞膜　66
3大人種　188

## シ

$G_0$期　73
$G_1$期　73
$G_2$期　73
シアノバクテリア　44
自家受精　160
師管　111
軸索　79, 119
刺激　119
始原生殖細胞　138
自己免疫病　129
脂質　84
自然史　14
自然選択説　30
自然発生説　17
シトクロム　98
シトシン　87
シナプス　120
ジベレリン　112
社会性昆虫　175
種　39
獣形類　183
終産物阻害　92
終止コドン　105
従属栄養生物　93
種間関係　180
種子植物　54
樹状突起　79

受精　142
　——膜　144
主体的進化論　28
出芽　135
種の起源　30
受粉　143
シュペーマン　151
受容器　119
受容体　128
順位　173
春化　113
循環系　115
女王物質　171
消化系　114
蒸散　111
常染色体　139
消費者　178
上皮組織　76
小胞体　67
植食者　171, 178
触媒　89
植物界　51
植物極　146
植物極化因子　154
食胞　68
自律神経系　122
自律分化　151
尻ふりダンス　168
真核生物　39
進化の総合説　31
心筋　77
神経系　118
神経情報　123
神経節　118
神経組織　79

神経伝達物質　120
神経分泌細胞　126
神経網　118
新口動物　58
人種　188
真正細菌　41
真正染色質　72
腎臓　116
真体腔類　57
浸透圧調節　116

## ス

髄鞘　120
ステロイド　85
ストロマ　69
ストロマトライト　21
スプライシング　102

## セ

性　134
生化学　8
生気論　7
精原細胞　138
生産者　178
精子　136
生殖　5, 134
　——系　117
　——細胞　117
　——質連続説　30
　——巣　117
性染色体　139
生態系　178
生態的地位　179
生物群集　178
生物情報学　11

生命の階段　27
生命の起源　18
性誘引物質　169
生理学　8
接合　136
　──子　136, 142
前口動物　58
染色体　139
　──地図　162
　──放棄　155
染色分体　74
先体反応　144
選択的スプライシング
　　192

## ソ

桑実胚　147
双子葉類　54
創造論　26
相同染色体　139
相補性　88
藻類　48
側生動物　56
粗面小胞体　67

## タ

体液性免疫　131
代謝系　93
体内時計　167
大脳　121
対立遺伝子　159
ダーウィン　29
多精拒否機構　145
多糖類　84
単為生殖　136

端黄卵　147
端細胞幹　57
炭酸固定　95
単子葉類　54
炭水化物　83
単糖類　83
タンパク質　85, 154
　──工学　93
　──合成　104

## チ

地衣類　51
窒素固定　181
チミン　87
中黄卵　147
中枢神経　121
中生動物　55
中胚葉　149
中立説　33
超生物界　39
調節遺伝子　157
調節タンパク質　157
調節卵　149
重複受精　143
チラコイド　69

## テ

tRNA　103
定位　168
DNA　41, 72, 87, 159
　──ポリメラーゼ　106
T 細胞　132
TCA 回路　98
デオキシリボ核酸　87
デオキシリボース　87

デカルト　7
テリトリー　173
電子伝達系　98
転写　100

## ト

等黄卵　147
同化流　111
道管　111
動原体　74
動物界　54
動物極　146
　──化因子　154
独立栄養生物　93
独立の法則　161
突然変異　6, 162
ド・フリース　30

## ナ

内臓筋　77
内胚葉　148
内分泌学　8
内分泌系　122
なわばり　172

## ニ

二価染色体　140
二酸化炭素　82
二次胚　151
二重らせん　88
ニッチ　179
二倍体　140
乳酸発酵　97
ニューロン　79, 118

## ヌ, ネ

ヌクレオチド　87
ネアンデルタール人　186
粘菌　49

## ノ

脳　118, 121
脳下垂体　126
脳幹　121
のう胚　148
乗換え　142

## ハ

肺　114
バイオインフォマティクス　11
配偶子　117
　——形成　136
排出系　116
胚のう　143
胚発生　146
バーガトリウス　183
博物学　1
パスツール　17
発生運命　150
発生学　11
発生生物学　11
発生能　150
波動毛　50
ハロバクテリウム　45
半保存的複製　106

## ヒ

B 細胞　132
PCR 法　107
光エネルギー　94
被子植物　54
微小管　71
微小繊維　71
ヒトゲノム解析　192
ヒト上科　185
標的器官　123
表皮系　80
ピル　127

## フ

ファージ　61
フィードバック機構　128
フィードバック調節　92
フェロモン　169
孵化　147
複対立遺伝子　160
物質循環　180
不変（定常）領域　130
プライバシー　194
プライマー・フェロモン　171
プロセシング　102
プロティスタ　48
プロテオバクテリア　42
プロテオミクス　11
プロテオーム　11
分解　90
　——者　178
分化全能性　156
分子系統学　14, 38
分子系統樹　38
分子進化　33
分子生物学　9

分離の法則　160
分類学　12
分類体系　39

## ヘ

閉鎖血管系　116
ヘテロ接合体　159
ペプチド結合　85
変性　90
扁平上皮　76

## ホ

ホイタッカー　40
胞子　134
放射相称動物　56
胞胚　147
ホモ・エレクトス　186
ホモ・サピエンス　186
ホモ接合体　159
ホモ・ハビリス　186
ポリペプチド　85
ポリリボソーム　65, 106
ホルモン　122
　——の作用機構　128
翻訳　106

## マ

マーグリス　40
マトリックス　69
マルピーギ管　116

## ミ

水分子　82
ミトコンドリア　69
　——・イブ　187

――の遺伝子　165
ミラー　19
　　――の実験　19

## ム

無性生殖　134
群れ　172

## メ，モ

メタン生成菌　45
免疫学　9
免疫グロブリン　130
免疫系　129
モザイク卵　149

## ヤ，ユ

野生型　160
有糸分裂　73
有性生殖　135
優性の法則　160
遊走子　134
誘導　151

――因子　152
ユーリー　18

## ヨ

葉緑体　69
読み枠　105

## ラ

ライオニゼーション　139
裸子植物　54
ラマルク　27
卵　135
卵割　146
卵菌　49
卵原細胞　138
卵母細胞　138

## リ

リセプター　128
リソソーム　68
リーダー制　173
リブロース二リン酸

　　――因子　152

カルボキシラーゼ　96
リボ核酸　87
リボース　87
リボソーム　70, 105
流動モザイクモデル　67
両性雑種　161
両性生殖　136
リリーサー・フェロモン
　　169
リン脂質　85
リンパ球　131
リンパ系　116

## レ

霊長類　183
連鎖　162

## ワ

ワイスマン　30
ワクチン　130
渡り　167
ワックス　85

著者略歴

石川　統（いしかわ　はじめ）
1940年（昭和15）東京都に生まれる
1963年（昭和38）東京大学理学部生物学科卒業
東京大学名誉教授・理学博士
主著「細胞内共生」（東京大学出版会）
　　　「分子進化」（裳華房）
　　　「共生と進化」（培風館）
　　　「バイオサイエンスへの招待」（岩波書店）
　　　「DNAから遺伝子へ」（東京化学同人）
　　　「遺伝子の生物学」（岩波書店）
　　　「昆虫を操るバクテリア」（平凡社）
　　　「分子からみた生物学」（裳華房）
　　　「進化の風景」（裳華房）
　　　　　　　　　　　　　　　　　　　　　　など

## 生物科学入門（三訂版）

1987年 4月10日　第 1 版発行
1997年 1月20日　改訂第16版発行
2003年11月20日　三訂第27版発行
2009年 1月15日　第 33 版発行
2023年 3月10日　第33版10刷発行

検印省略

定価はカバーに表示してあります。

増刷表示について
2009年4月より「増刷」表示を『版』から『刷』に変更いたしました。詳しい表示基準は弊社ホームページ
http://www.shokabo.co.jp/
をご覧ください。

著作者　　　　石　川　　統
発行者　　　　吉　野　和　浩
発行所　　東京都千代田区四番町 8 - 1
　　　　　　電　話　03-3262-9166（代）
　　　　　　郵便番号　102-0081
　　　　　　株式会社　裳　華　房
印刷製本　　株式会社 デジタルパブリッシングサービス

一般社団法人
自然科学書協会会員

JCOPY〈出版者著作権管理機構 委託出版物〉
本書の無断複製は著作権法上での例外を除き禁じられています。複製される場合は，そのつど事前に，出版者著作権管理機構（電話03-5244-5088，FAX 03-5244-5089，e-mail: info@jcopy.or.jp）の許諾を得てください。

ISBN 978-4-7853-5203-5

© 石川 統，2003　　Printed in Japan

| | |
|---|---|
| 基礎からスタート 大学の生物学<br>道上達男 著　　　　　　定価 2640円 | 教養の生物（三訂版）<br>太田次郎 著　　　　　　定価 2640円 |
| 生物科学入門（三訂版）<br>石川 統 著　　　　　　定価 2310円 | コア講義 生物学（改訂版）<br>田村隆明 著　　　　　　定価 2530円 |
| 新版 生物学と人間<br>赤坂甲治 編　　　　　　定価 2530円 | 新しい教養のための生物学<br>赤坂甲治 著　　　　　　定価 2640円 |
| ヒトを理解するための 生物学（改訂版）<br>八杉貞雄 著　　　　　　定価 2420円 | ベーシック生物学（増補改訂版）<br>武村政春 著　　　　　　定価 3080円 |
| ワークブック ヒトの生物学<br>八杉貞雄 著　　　　　　定価 1980円 | 図解 分子細胞生物学<br>浅島・駒崎 共著　　　　　定価 5720円 |
| 医療・看護系のための 生物学（改訂版）<br>田村隆明 著　　　　　　定価 2970円 | コア講義 分子生物学<br>田村隆明 著　　　　　　定価 1650円 |
| 理工系のための 生物学（改訂版）<br>坂本順司 著　　　　　　定価 2970円 | ライフサイエンスのための 分子生物学入門<br>駒野・酒井 共著　　　　　定価 3080円 |
| 医薬系のための 生物学<br>丸山・松岡 共著　　　　　定価 3300円 | 基礎分子遺伝学・ゲノム科学<br>坂本順司 著　　　　　　定価 3080円 |
| 入門 生化学<br>佐藤 健 著　　　　　　定価 2640円 | コア講義 分子遺伝学<br>田村隆明 著　　　　　　定価 2640円 |
| イラスト 基礎からわかる 生化学<br>坂本順司 著　　　　　　定価 3520円 | 発生生物学 基礎から再生医療への応用まで<br>道上達男 著　　　　　　定価 3630円 |
| コア講義 生化学<br>田村隆明 著　　　　　　定価 2750円 | 進化生物学 ゲノミクスが解き明かす進化<br>赤坂甲治 著　　　　　　定価 3520円 |
| よくわかる スタンダード生化学<br>有坂文雄 著　　　　　　定価 2860円 | 微生物学 地球と健康を守る<br>坂本順司 著　　　　　　定価 2750円 |
| 医学系のための 生化学<br>石崎泰樹 編著　　　　　　定価 4730円 | 植物生理学<br>加藤美砂子 著　　　　　　定価 2970円 |
| タンパク質科学 生物物理学的なアプローチ<br>有坂文雄 著　　　　　　定価 3520円 | しくみと原理で解き明かす 植物生理学<br>佐藤直樹 著　　　　　　定価 2970円 |
| 遺伝子科学 ゲノム研究への扉<br>赤坂甲治 著　　　　　　定価 3190円 | ゲノム編集の基本原理と応用<br>山本 卓 著　　　　　　定価 2860円 |
| ◆ 新・生命科学シリーズ ◆ | 動物行動の分子生物学<br>久保健雄 ほか共著　　　　定価 2640円 |
| 動物の系統分類と進化<br>藤田敏彦 著　　　　　　定価 2750円 | 脳 分子・遺伝子・生理<br>石浦・笹川・二井 共著　　定価 2200円 |
| 植物の系統と進化<br>伊藤元己 著　　　　　　定価 2640円 | 植物の成長<br>西谷和彦 著　　　　　　定価 2750円 |
| 動物の発生と分化<br>浅島・駒崎 共著　　　　　定価 2530円 | 植物の生態 生理機能を中心に<br>寺島一郎 著　　　　　　定価 3080円 |
| ゼブラフィッシュの発生遺伝学<br>弥益 恭 著　　　　　　定価 2860円 | 動物の生態 脊椎動物の進化生態を中心に<br>松本忠夫 著　　　　　　定価 2640円 |
| 動物の形態 進化と発生<br>八杉貞雄 著　　　　　　定価 2420円 | 遺伝子操作の基本原理<br>赤坂・大山 共著　　　　　定価 2860円 |
| 動物の性<br>守 隆夫 著　　　　　　定価 2310円 | エピジェネティクス<br>大山・東中川 共著　　　　定価 2970円 |

裳華房ホームページ　https://www.shokabo.co.jp/　※価格はすべて税込（10％）